Rupesh Kumar Tipu

Conceitos de modelos de aprendizagem automática: Um guia abrangente

Rupesh Kumar Tipu

Conceitos de modelos de aprendizagem automática: Um guia abrangente

ScienciaScripts

Imprint

Any brand names and product names mentioned in this book are subject to trademark, brand or patent protection and are trademarks or registered trademarks of their respective holders. The use of brand names, product names, common names, trade names, product descriptions etc. even without a particular marking in this work is in no way to be construed to mean that such names may be regarded as unrestricted in respect of trademark and brand protection legislation and could thus be used by anyone.

Cover image: www.ingimage.com

This book is a translation from the original published under ISBN 978-620-7-80569-3.

Publisher:
Sciencia Scripts
is a trademark of
Dodo Books Indian Ocean Ltd. and OmniScriptum S.R.L publishing group

120 High Road, East Finchley, London, N2 9ED, United Kingdom
Str. Armeneasca 28/1, office 1, Chisinau MD-2012, Republic of Moldova, Europe
Printed at: see last page
ISBN: 978-620-7-96865-7

Índice

Prefácio

O rápido avanço da aprendizagem automática e da inteligência artificial revolucionou vários sectores, desde os cuidados de saúde e as finanças até aos transportes e ao entretenimento. À medida que estas tecnologias se tornam cada vez mais parte integrante da nossa vida quotidiana, é essencial compreender os conceitos fundamentais, as aplicações práticas e as considerações éticas que sustentam o seu desenvolvimento e implementação.

Este livro, "Machine Learning Model Concepts: A Comprehensive Guide", tem como objetivo fornecer uma introdução completa e acessível ao mundo da aprendizagem automática. Quer seja um estudante, um investigador, um profissional ou simplesmente um entusiasta, este livro oferece informações valiosas e conhecimentos práticos para o ajudar a navegar nas complexidades da aprendizagem automática.

Começamos com uma introdução aos princípios fundamentais da aprendizagem automática, explorando a sua história, tipos e aplicações. A partir daí, aprofundamos os fundamentos, incluindo o pré-processamento de dados, a engenharia de caraterísticas e as métricas de avaliação de modelos. Estes tópicos fundamentais preparam o terreno para uma exploração mais profunda da aprendizagem supervisionada, abrangendo modelos de regressão e classificação.

À medida que avança no livro, irá encontrar tópicos avançados, como a aprendizagem em conjunto, redes neuronais e aprendizagem profunda. Estes capítulos fornecem uma compreensão abrangente das técnicas mais avançadas e das suas aplicações na resolução de problemas complexos. Também abordamos considerações práticas, como o tratamento de dados desequilibrados, a prevenção de fugas de dados e o tratamento de sobreajustamento e subajustamento, garantindo a criação de modelos robustos e fiáveis.

No domínio da aprendizagem automática, as práticas éticas e responsáveis são fundamentais. Este livro dedica uma parte significativa à discussão de preconceitos e equidade, privacidade e segurança, interpretabilidade e explicabilidade, e diretrizes e regulamentos éticos. Estas secções sublinham a importância de desenvolver modelos de aprendizagem automática que sejam não só eficazes, mas também equitativos e fiáveis.

Ao longo do livro, damos ênfase às aplicações práticas e aos exemplos do mundo real, fazendo a ponte entre a teoria e a prática. O nosso objetivo é equipá-lo com as ferramentas e os conhecimentos necessários para implementar soluções de aprendizagem automática que impulsionem a inovação e criem impactos positivos.

Ao embarcar nesta viagem pela fascinante paisagem da aprendizagem automática, esperamos que este livro seja um recurso valioso e uma fonte de inspiração. Quer esteja a desenvolver modelos de ponta ou a explorar as implicações éticas da IA, encorajamo-lo a abordar estes tópicos com curiosidade, pensamento crítico e um compromisso com práticas responsáveis.

Obrigado por ter escolhido "Conceitos de modelos de aprendizagem automática: Um Guia Abrangente". Estamos entusiasmados por partilhar este conhecimento consigo e esperamos ver as incríveis contribuições que fará no campo da aprendizagem automática.

Com os melhores cumprimentos,

Rupesh Kumar

CAPITULO: 1

Introdução à aprendizagem automática

1.1. Definição e visão geral

A aprendizagem automática é um subconjunto da inteligência artificial (IA) que se centra no desenvolvimento de algoritmos e modelos estatísticos que permitem aos computadores efetuar tarefas sem instruções explícitas [1]. Em vez disso, estes modelos aprendem e fazem previsões ou tomam decisões com base em dados. A ideia central da aprendizagem automática é permitir que os computadores aprendam com a experiência, se adaptem a novos dados e executem tarefas que tradicionalmente se considerava exigirem inteligência humana [2], [3], [4].

A aprendizagem automática evoluiu rapidamente e tornou-se uma tecnologia fundamental em vários domínios. Esta tecnologia preenche a lacuna entre a programação tradicional baseada em regras e os sistemas inteligentes capazes de aprender e adaptar-se. Esta panorâmica fornecerá uma compreensão fundamental dos principais aspectos da aprendizagem automática:

1. **História e evolução**

    o   **Início**: O conceito de aprendizagem automática tem as suas raízes na década de 1950, com pioneiros como Alan Turing e Arthur Samuel. O trabalho de Samuel sobre programas de auto-aprendizagem de damas marcou a primeira aplicação prática da aprendizagem automática.

    o   **Crescimento nas décadas de 1990 e 2000**: O advento da Internet e a explosão de dados digitais proporcionaram um terreno fértil para o desenvolvimento da aprendizagem automática. Algoritmos como as máquinas de vectores de suporte (SVM) e os avanços nas redes neuronais começaram a revelar-se muito promissores.

    o   **Era moderna**: A década de 2010 assistiu a um aumento das aplicações de aprendizagem automática com o aparecimento de grandes volumes de dados, GPUs potentes e técnicas de aprendizagem profunda. Este período também marcou realizações significativas em domínios como o reconhecimento de imagens, o processamento de linguagem natural e a condução autónoma.

2. **Aplicações da aprendizagem automática**

    o   **Cuidados de saúde**: Modelos preditivos para diagnóstico de doenças, planos de tratamento personalizados e análise de imagens médicas.

    o   **Finanças**: Negociação algorítmica, pontuação de crédito, deteção de fraudes e gestão de riscos.

    o   **Comércio retalhista**: Segmentação de clientes, sistemas de recomendação e gestão de stocks.

    o   **Transportes**: Veículos autónomos, otimização de rotas e manutenção preditiva.

    o   **Entretenimento**: Recomendação de conteúdos, marketing personalizado e análise de redes sociais.

    o   **Fabrico**: Manutenção preditiva, controlo de qualidade e otimização da cadeia de fornecimento.

o   **Agricultura**: Previsão do rendimento das culturas, monitorização da saúde do solo e agricultura de precisão.

3. **Tipos de aprendizagem automática**

o   **Aprendizagem supervisionada**: Envolve o treino de um modelo num conjunto de dados rotulados, em que o resultado desejado é conhecido. Os exemplos incluem tarefas de regressão e classificação.

o   **Aprendizagem não supervisionada**: Lida com dados não rotulados e tem como objetivo encontrar padrões ocultos ou estruturas intrínsecas. Os exemplos incluem o agrupamento e a associação.

o   **Aprendizagem por reforço**: Centra-se no treino de agentes para tomarem uma sequência de decisões, recompensando os comportamentos desejáveis e penalizando os indesejáveis. Esta abordagem é frequentemente utilizada em robótica e jogos.

o   **Aprendizagem Semi-Supervisionada**: Combina dados etiquetados e não etiquetados para melhorar a precisão da aprendizagem. Este método é útil quando a obtenção de dados etiquetados é dispendiosa ou demorada.

o   **Aprendizagem auto-supervisionada**: Utiliza os próprios dados para gerar rótulos, permitindo que o modelo aprenda a partir de grandes quantidades de dados não rotulados.

4. **Conceitos-chave e terminologia**

o   **Modelo**: Uma representação matemática que mapeia dados de entrada para previsões de saída.

o   **Treinamento**: O processo de alimentação de dados a um modelo e o ajuste dos seus parâmetros para minimizar o erro de previsão.

o   **Validação e teste**: Técnicas utilizadas para avaliar o desempenho de um modelo em dados não vistos para garantir a sua boa generalização.

o   **Caraterísticas**: Propriedades ou caraterísticas individuais mensuráveis dos dados utilizados no treino do modelo.

o   **Etiquetas**: A variável de saída ou de destino que o modelo pretende prever.

o   **Sobreajuste e subajuste**: Conceitos que descrevem a capacidade de generalização de um modelo a novos dados. O sobreajuste ocorre quando um modelo aprende o ruído nos dados de treino, enquanto o subajuste acontece quando um modelo é demasiado simples para captar os padrões subjacentes.

A aprendizagem automática situa-se na intersecção da ciência da computação, da estatística e do conhecimento específico de um domínio [5], [6], [7]. A sua capacidade de transformar dados em conhecimentos acionáveis tornou-a uma ferramenta essencial na tecnologia moderna e nas práticas empresariais [8], [9], [10]. Este livro tem como objetivo fornecer uma compreensão abrangente dos modelos de aprendizagem automática, desde os seus conceitos fundamentais até às suas aplicações práticas.

2.1. Compreender os dados

Os dados são a pedra angular da aprendizagem automática. A qualidade, a quantidade e o tipo de dados influenciam significativamente o desempenho dos modelos de aprendizagem automática. Esta secção aborda os diferentes tipos de dados, as técnicas de pré-processamento e as estratégias de tratamento de dados em falta.

2.1.1. Tipos de dados

Compreender os vários tipos de dados é essencial para selecionar algoritmos de aprendizagem automática e técnicas de pré-processamento adequados.

1. **Dados estruturados**

   o **Definição**: Os dados estruturados são organizados e facilmente pesquisáveis num formato tabular com linhas e colunas. Os exemplos incluem folhas de cálculo e bases de dados relacionais.

   o **Exemplos**: Informações sobre clientes (nome, idade, morada), registos financeiros (transacções, saldos) e leituras de sensores (temperatura, pressão).

   o **Caraterísticas**: Formato consistente, fácil de consultar e analisar, adequado para tarefas de aprendizagem supervisionada.

2. **Dados não estruturados**

   o **Definição**: Os dados não estruturados não têm um formato ou organização predefinidos, o que torna a sua análise mais difícil. Os exemplos incluem texto, imagens, áudio e vídeo.

   o **Exemplos**: E-mails, publicações em redes sociais, imagens, vídeos e gravações de áudio.

   o **Caraterísticas**: Formatos diversos, requer técnicas de processamento especializadas (por exemplo, processamento de linguagem natural para texto, visão por computador para imagens), adequado para uma série de tarefas de aprendizagem automática.

3. **Dados semi-estruturados**

   o **Definição**: Os dados semi-estruturados têm algumas propriedades organizacionais, mas não se enquadram numa estrutura tabular rígida. Os exemplos incluem ficheiros JSON, XML e HTML.

   o **Exemplos**: Páginas Web, registos JSON e documentos XML.

   o **Caraterísticas**: A estrutura flexível requer análise para extrair informações significativas, adequada para tarefas de aprendizagem supervisionadas e não supervisionadas.

2.2. Técnicas de pré-processamento de dados

O pré-processamento de dados transforma os dados em bruto num formato adequado para análise e treino de modelos. Trata-se de uma etapa fundamental para garantir a qualidade e a exatidão dos modelos de aprendizagem automática.

1. **Limpeza de dados**

   o **Remoção de duplicados**: Identificar e eliminar entradas duplicadas para garantir que o conjunto de dados é exato e fiável.

   o **Correção de erros**: Resolver inconsistências, erros tipográficos e entradas de dados incorrectas para manter a integridade dos dados.

   o **Normalização de formatos**: Garantir formatos de dados consistentes, tais como formatos de data e hora, em todo o conjunto de dados.

2. **Transformação de dados**

   o **Escalonamento e normalização**: Ajustar a gama de caraterísticas a uma escala comum para melhorar o desempenho e a convergência do modelo.

     ▪ **Escala Mín-Máx**: Redimensiona as caraterísticas para um intervalo específico, normalmente [0, 1].

     ▪ **Padronização**: Centra as caraterísticas em torno da média com um desvio padrão unitário.

   o **Codificação de dados categóricos**: Conversão de variáveis categóricas em representações numéricas.

     ▪ **Codificação de etiquetas**: Atribui um número inteiro único a cada categoria.

     ▪ **Codificação de um ponto**: Cria colunas binárias para cada categoria, indicando a presença ou ausência de uma categoria.

   o **Engenharia de caraterísticas**: Criação de novas caraterísticas ou modificação das existentes para melhorar o desempenho do modelo.

     ▪ **Caraterísticas polinomiais**: Adição de termos polinomiais para captar relações não lineares.

     ▪ **Caraterísticas de interação**: Combinação de caraterísticas para captar as interações entre elas.

3. **Integração de dados**

   o **Combinação de fontes de dados**: Fusão de dados de várias fontes para criar um conjunto de dados abrangente.

   o **Tratamento de redundâncias**: Identificação e resolução de informações redundantes em conjuntos de dados combinados.

4. **Redução de dados**

   o **Redução da dimensionalidade**: Reduzir o número de caraterísticas, mantendo a informação importante.

- **Análise de componentes principais (PCA)**: Transforma as caraterísticas num espaço de dimensão inferior, preservando a variância.
- **Análise Discriminante Linear (LDA)**: Projecta os dados num espaço de dimensão inferior com base na separabilidade das classes.

o **Seleção de caraterísticas**: Seleção de um subconjunto de caraterísticas relevantes para melhorar o desempenho do modelo e reduzir a complexidade.

- **Métodos de filtragem**: Utilização de medidas estatísticas para selecionar caraterísticas (por exemplo, correlação, teste do qui-quadrado).
- **Métodos de envolvimento**: Avaliação de subconjuntos de caraterísticas utilizando um modelo específico (por exemplo, eliminação recursiva de caraterísticas).
- **Métodos incorporados**: Seleção de caraterísticas durante o treino do modelo (por exemplo, regressão Lasso).

2.3. Tratamento de dados em falta

Os dados em falta são um problema comum nos conjuntos de dados de aprendizagem automática e podem afetar negativamente o desempenho do modelo. As estratégias eficazes para lidar com dados em falta incluem:

1. **Identificação de dados em falta**

o **Tipos de dados em falta:**

- **Ausência total ao acaso (MCAR)**: A probabilidade de dados em falta é independente de quaisquer dados observados ou não observados.
- **Ausência de dados ao acaso (MAR)**: A probabilidade de dados em falta está relacionada com os dados observados, mas não com os dados em falta propriamente ditos.
- **Ausência não aleatória (MNAR)**: A probabilidade de dados em falta está relacionada com os próprios dados em falta.

2. **Tratamento de dados em falta**

o **Remoção de dados em falta**: Eliminar linhas ou colunas com valores em falta, adequado quando a quantidade de dados em falta é pequena.

- **Análise completa do caso**: Remoção de linhas com valores em falta.
- **Eliminação de pares**: Remover apenas os pontos de dados em falta para análises específicas.

o **Imputação de dados em falta**: Preenchimento dos valores em falta com valores estimados.

- **Imputação de média/mediana/modo**: Substituição de valores em falta pela média, mediana ou moda da caraterística.

- **Imputação K-Nearest Neighbors (KNN)**: Utilizar o valor médio dos k-vizinhos mais próximos para imputar valores em falta.

- **Imputação multivariada**: Utilização de modelos de regressão para prever e imputar valores em falta.

o **Técnicas avançadas**:

- **Imputação múltipla**: Criação de conjuntos de dados imputados múltiplos e combinação de resultados para ter em conta a incerteza.

- **Abordagens de aprendizagem profunda**: Utilização de redes neuronais para prever e imputar valores em falta.

A compreensão dos tipos de dados, a aplicação de técnicas de pré-processamento eficazes e o tratamento adequado dos dados em falta são fundamentais para a criação de modelos robustos de aprendizagem automática. A preparação adequada dos dados garante que os modelos podem aprender eficazmente com os dados e fazer previsões exactas sobre dados novos e não vistos.

2.4. Caraterísticas e etiquetas

2.4.1. Caraterísticas

As caraterísticas, também conhecidas como atributos ou variáveis, são as propriedades ou caraterísticas mensuráveis dos dados que o modelo de aprendizagem automática utiliza para efetuar previsões ou classificações. São as variáveis de entrada que fornecem a informação necessária para o modelo aprender padrões e relações dentro dos dados.

1. **Tipos de caraterísticas**

o **Caraterísticas numéricas**: Estas são caraterísticas quantitativas que representam quantidades mensuráveis e podem ser discretas (por exemplo, número de filhos) ou contínuas (por exemplo, altura, peso).

o **Caraterísticas categóricas**: Estas caraterísticas representam atributos qualitativos e consistem num conjunto finito de categorias ou grupos (por exemplo, sexo, tipo de carro).

o **Caraterísticas ordinais**: São caraterísticas categóricas com uma ordem ou classificação significativa (por exemplo, nível educacional, índice de satisfação do cliente).

o **Caraterísticas binárias**: São caraterísticas categóricas com apenas dois valores possíveis (por exemplo, sim/não, verdadeiro/falso).

2. **Representação de caraterísticas**

o **Representação vetorial**: As caraterísticas são frequentemente representadas como vectores num espaço multidimensional, em que cada dimensão corresponde a uma caraterística diferente. Por exemplo, se existirem três caraterísticas (altura, peso e idade), cada ponto de dados pode ser representado como um vetor (altura, peso, idade).

o **Representação matricial**: Num conjunto de dados, vários pontos de dados são representados como uma matriz, em que cada linha corresponde a um ponto de dados diferente e cada coluna corresponde a uma caraterística diferente.

3. **Importância das caraterísticas**

- o **Relevância das caraterísticas**: Nem todas as caraterísticas contribuem da mesma forma para a tarefa de previsão. Identificar e selecionar as caraterísticas mais relevantes é crucial para construir um modelo eficaz.

- o **Seleção de caraterísticas**: São utilizadas técnicas como métodos de filtragem (por exemplo, coeficiente de correlação, informação mútua), métodos de envolvimento (por exemplo, eliminação recursiva de caraterísticas) e métodos incorporados (por exemplo, regressão Lasso) para selecionar as caraterísticas mais importantes.

4. **Engenharia de recursos**

- o **Criação de novas caraterísticas**: Derivar novas caraterísticas das existentes para melhorar o desempenho do modelo. Isto pode envolver transformações (por exemplo, transformação logarítmica), agregações (por exemplo, média, soma) ou combinações (por exemplo, termos de interação).

- o **Escala de caraterísticas**: Normalização ou padronização de caraterísticas para garantir que elas tenham uma escala comum, o que ajuda a melhorar o treinamento e a convergência do modelo. As técnicas comuns incluem o escalonamento mínimo-máximo e a padronização da pontuação z.

2.4.2. Etiquetas

Os rótulos, também conhecidos como alvos ou variáveis dependentes, são as variáveis de saída que o modelo pretende prever. Na aprendizagem supervisionada, cada ponto de dados está associado a uma etiqueta que o modelo utiliza durante o treino para aprender a relação entre as caraterísticas e o resultado pretendido.

1. **Tipos de etiquetas**

- o **Etiquetas numéricas**: Estes são valores contínuos que o modelo prevê em tarefas de regressão (por exemplo, preços de casas, temperaturas).

- o **Etiquetas categóricas**: São valores discretos que representam diferentes classes ou categorias em tarefas de classificação (por exemplo, espécies de plantas, tipos de clientes).

- o **Rótulos binários**: Um caso especial de etiquetas categóricas com apenas dois resultados possíveis (por exemplo, spam/não spam, doença/não doença).

2. **Papel das etiquetas na aprendizagem supervisionada**

- o **Fase de treinamento**: Durante o treinamento, o modelo aprende o mapeamento de caraterísticas para rótulos, minimizando o erro entre rótulos previstos e rótulos reais. Este processo envolve a otimização dos parâmetros do modelo utilizando técnicas como a descida do gradiente.

- o **Validação e teste**: As etiquetas são utilizadas para avaliar o desempenho do modelo em conjuntos de dados de validação e teste. Métricas como a exatidão, a precisão, a recordação, a pontuação F1, o erro quadrático médio e o R-quadrado são utilizadas para avaliar a capacidade de generalização do modelo a novos dados.

3. **Qualidade e desafios do rótulo**

- o **Exatidão das etiquetas**: As etiquetas exactas e fiáveis são essenciais para uma formação eficaz do modelo. Etiquetas incorrectas ou com ruído podem levar a um fraco desempenho do modelo.

- o **Desequilíbrio de classes**: Em tarefas de classificação, algumas classes podem ter significativamente mais exemplos do que outras, levando a um desequilíbrio de classes. Técnicas como a reamostragem, a geração de dados sintéticos (por exemplo, SMOTE) e o ajuste dos pesos das classes podem ajudar a resolver este problema.

- o **Classificação de vários rótulos**: Em algumas tarefas, cada ponto de dados pode ter vários rótulos (por exemplo, uma imagem que contém um gato e um cão). São utilizados algoritmos especializados e métricas de avaliação para lidar com a classificação multi-rótulo.

2.5. Interação entre caraterísticas e etiquetas

A relação entre caraterísticas e rótulos está no centro da aprendizagem automática. O objetivo do modelo é aprender uma função f que mapeia caraterísticas X para etiquetas Y:

$$Y = f(X)$$

1. **Treino do modelo**: O processo de treino envolve encontrar os parâmetros óptimos da função f que minimizam a diferença entre as etiquetas previstas $\hat{Y}$ e as etiquetas reais Y. Normalmente, isto é conseguido definindo uma função de perda e utilizando algoritmos de otimização para a minimizar.

2. **Correlação caraterística-rótulo**: Compreender a correlação entre caraterísticas e rótulos ajuda na seleção e engenharia de caraterísticas. Uma correlação elevada indica que uma caraterística é informativa para prever a etiqueta, enquanto uma correlação baixa pode sugerir que a caraterística é irrelevante.

3. **Interação de caraterísticas**: Por vezes, a interação entre caraterísticas pode proporcionar um poder de previsão adicional. Por exemplo, a interação entre a idade e o rendimento pode ser mais informativa para prever o comportamento de despesa do que qualquer uma das caraterísticas isoladamente. A criação de caraterísticas de interação pode melhorar o desempenho do modelo.

Em resumo, as caraterísticas e as etiquetas são componentes fundamentais de qualquer tarefa de aprendizagem automática. As caraterísticas fornecem os dados de entrada a partir dos quais o modelo aprende, enquanto as etiquetas servem como resultados que o modelo pretende prever. Compreender a natureza das caraterísticas e das etiquetas, juntamente com técnicas eficazes de pré-processamento e engenharia, é crucial para a criação de modelos de aprendizagem automática precisos e robustos.

2.6. Dados de treino e de teste

Na aprendizagem automática, a capacidade de um modelo generalizar bem para dados não vistos é crucial. Para o conseguir, os dados são normalmente divididos em conjuntos de treino e de teste. Esta divisão garante que o modelo é avaliado em dados que não viu durante a formação, fornecendo uma medida exacta do seu desempenho.

2.6.1. Dados de treino

1. **Definição**: Os dados de treino são a parte do conjunto de dados utilizada para ajustar o modelo de aprendizagem automática. O modelo aprende padrões, relações e caraterísticas nos dados de treino para fazer previsões ou classificações.

2. **Objetivo**: O principal objetivo da utilização de dados de treino é permitir que o modelo aprenda o mapeamento entre as caraterísticas de entrada e as etiquetas de saída. Isto implica o ajuste dos parâmetros do modelo para minimizar o erro de previsão.

3. **Processo**:

    o **Divisão de dados**: Normalmente, um conjunto de dados é dividido em conjuntos de treino e de teste, com o conjunto de treino a representar 70-80% dos dados. Isto assegura a disponibilidade de dados suficientes para que o modelo aprenda eficazmente.

    o **Treino do modelo**: O modelo processa iterativamente os dados de treino, ajustando os seus parâmetros utilizando algoritmos como a descida gradiente para minimizar uma função de perda (por exemplo, erro quadrático médio para regressão, entropia cruzada para classificação).

    o **Validação**: Por vezes, os dados de treino são divididos em conjuntos de treino e de validação para afinar os hiperparâmetros e evitar o sobreajuste. O conjunto de validação ajuda a monitorizar o desempenho do modelo durante a formação sem utilizar os dados de teste.

4. **Técnicas**:

    o **Validação cruzada**: Esta técnica envolve a divisão dos dados de treino em várias dobras e o treino do modelo várias vezes, cada vez utilizando uma dobra diferente como conjunto de validação e as restantes dobras como conjunto de treino. Os métodos mais comuns incluem a validação cruzada k-fold e a validação cruzada leave-one-out.

    o **Aumento dos dados**: Para tarefas como o reconhecimento de imagens, são utilizadas técnicas de aumento de dados (por exemplo, rotação, escalonamento, inversão) para aumentar artificialmente o tamanho do conjunto de dados de treino e melhorar a robustez do modelo.

2.6.2. Dados de teste

1. **Definição**: Os dados de teste são a parte do conjunto de dados utilizada para avaliar o desempenho do modelo após a formação. O conjunto de teste deve ser uma amostra representativa do conjunto de dados global, mas não deve sobrepor-se aos dados de formação.

2. **Objetivo**: O principal objetivo da utilização de dados de teste é avaliar o grau de generalização do modelo a dados novos e não vistos. Isto proporciona uma avaliação imparcial do desempenho do modelo.

3. **Processo**:

    o **Divisão de dados**: Tal como mencionado, o conjunto de dados é dividido em conjuntos de treino e de teste, sendo que o conjunto de teste representa normalmente 20-30% dos dados.

o **Avaliação do modelo**: Após a formação, o modelo é testado nos dados de teste para avaliar o seu desempenho através de várias métricas (por exemplo, exatidão, precisão, recuperação, pontuação F1, erro absoluto médio). Este passo é crucial para garantir que o modelo não está a ser sobreajustado e que consegue generalizar bem.

o **Métricas de desempenho**: A escolha dos indicadores de desempenho depende da tarefa. Para as tarefas de classificação, são normalmente utilizadas métricas como a exatidão, a precisão, a recuperação e a pontuação F1. Para tarefas de regressão, são utilizadas métricas como o erro absoluto médio (MAE), o erro quadrático médio (MSE) e o R-quadrado.

Importância da divisão de dados

1. **Prevenir o sobreajuste**: O sobreajuste ocorre quando um modelo aprende o ruído e os pormenores nos dados de treino ao ponto de afetar negativamente o desempenho do modelo em novos dados. Ao utilizar conjuntos de treino e teste separados, o sobreajuste pode ser detectado e atenuado.

2. **Garantir a generalização**: Um modelo que tenha um bom desempenho nos dados de treino e de teste é suscetível de generalizar bem para novos dados. Isto indica que o modelo aprendeu os padrões subjacentes nos dados em vez de memorizar exemplos específicos.

3. **Seleção de modelos e afinação de hiperparâmetros**: A utilização de um conjunto de validação ou de técnicas de validação cruzada ajuda a selecionar o melhor modelo e a afinar os hiperparâmetros, o que acaba por conduzir a um melhor desempenho nos dados de teste.

Melhores práticas para a divisão de dados

1. **Divisão aleatória**: Dividir aleatoriamente os dados em conjuntos de treino e de teste para garantir que ambos os conjuntos são representativos do conjunto de dados global. Isto ajuda a evitar enviesamentos que podem afetar o desempenho do modelo.

2. **Divisão estratificada**: Para tarefas de classificação com classes desequilibradas, use a divisão estratificada para garantir que a proporção de classes seja consistente nos conjuntos de treinamento e teste. Isto ajuda a evitar que o modelo seja tendencioso para a classe maioritária.

3. **Divisão temporal**: Para dados de séries temporais, dividir os dados com base no tempo para garantir que os dados de treino precedem os dados de teste. Isto simula cenários do mundo real em que os dados futuros são previstos com base em observações passadas.

4. **Evitar a fuga de dados**: Assegurar que nenhuma informação dos dados de teste é utilizada durante a formação. A fuga de dados pode levar a estimativas de desempenho demasiado optimistas e a uma fraca generalização a novos dados.

Exemplo de fluxo de trabalho

1. **Recolha de dados**: Recolher e preparar o conjunto de dados.

2. **Divisão de dados**: Dividir aleatoriamente o conjunto de dados em conjuntos de treino (80%) e de teste (20%).

3. **Treino do modelo**: Treinar o modelo utilizando os dados de treino.

4. **Validação (opcional)**: Use a validação cruzada ou um conjunto de validação para ajustar os hiperparâmetros e monitorar o desempenho.

5. **Avaliação do modelo**: Avaliar o modelo treinado nos dados de teste utilizando métricas de desempenho adequadas.

6. **Implementação do modelo**: Implementar o modelo se este tiver um bom desempenho nos dados de teste, garantindo que pode ser generalizado para novos dados do mundo real.

Em resumo, a divisão dos dados em conjuntos de treino e de teste é uma prática fundamental na aprendizagem automática. Garante que o modelo é treinado numa parte dos dados e avaliado em dados não vistos, fornecendo uma medida robusta do seu desempenho e capacidade de generalização. As técnicas e práticas adequadas de divisão de dados são essenciais para a criação de modelos de aprendizagem automática eficazes e fiáveis.

2.7. Métricas de avaliação de modelos

As métricas de avaliação de modelos são cruciais para avaliar o desempenho dos modelos de aprendizagem automática. Estas métricas ajudam a determinar o grau de generalização de um modelo para dados novos e inéditos e fornecem informações sobre as áreas em que o modelo pode ser melhorado. A escolha da métrica de avaliação depende do tipo de tarefa de aprendizagem automática - classificação, regressão ou agrupamento.

2.7.1. Métricas de classificação

As tarefas de classificação envolvem a previsão de rótulos discretos, e várias métricas avaliam a exatidão e a qualidade dessas previsões.

1. **Exatidão**

   o **Definição**: O rácio entre as instâncias corretamente previstas e o total de instâncias.

   o **Fórmula**:

$$Accuracy = \frac{Number\ of\ Correct\ Predictions}{Total\ Number\ of\ Predictions}$$

   o **Caso de utilização**: Adequado para conjuntos de dados equilibrados em que as classes estão igualmente representadas.

2. **Precisão**

   o **Definição**: O rácio entre as instâncias positivas corretamente previstas e o total de positivos previstos.

   o **Fórmula**:

$$Precision = \frac{True\ Positives}{True\ Positives + False\ Positives}$$

   o **Caso de utilização**: Importante em cenários em que o custo de falsos positivos é elevado (por exemplo, deteção de spam).

3. **Recordação (Sensibilidade)**

o   **Definição**: O rácio de casos positivos corretamente previstos em relação ao total de casos positivos reais.

o   **Fórmula**:

$$Recall = \frac{True\ Positives}{True\ Positives + False\ Negatives}$$

o   **Caso de utilização**: Crítico em cenários em que o custo de falsos negativos é elevado (por exemplo, diagnóstico de doenças).

4. **Pontuação F1**

o   **Definição**: A média harmónica da precisão e da recuperação, proporcionando um equilíbrio entre as duas métricas.

o   **Fórmula**: $F1\ Score = 2 \times \frac{Precision \times Recall}{Precision + Recall}$

o   **Caso de utilização**: Útil quando existe uma distribuição desigual das classes e é necessário um equilíbrio entre a precisão e a recuperação.

5. **Matriz de confusão**

o   **Definição**: Uma tabela que resume o desempenho de um modelo de classificação, apresentando os verdadeiros positivos, os verdadeiros negativos, os falsos positivos e os falsos negativos, como se mostra na **Fig. 1**.

o   **Caso de utilização**: Fornece uma visão geral abrangente do desempenho do modelo, destacando erros específicos.

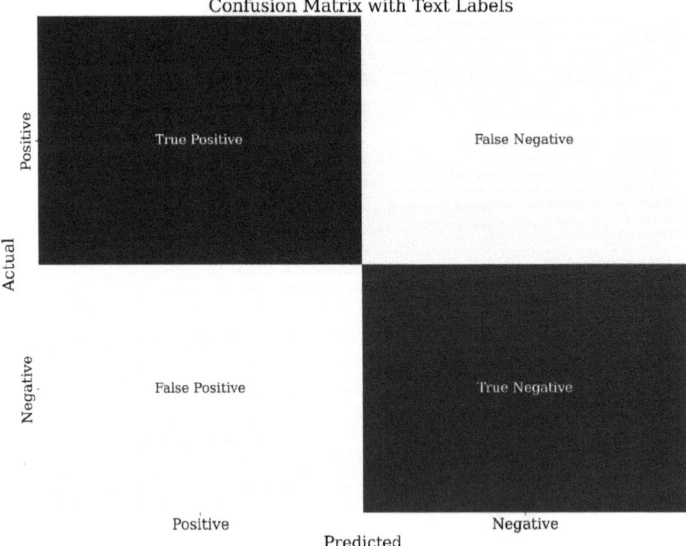

Fig. 1. Matriz de confusão com texto etiquetado para cada componente

6. **Curva ROC e AUC**

o **Curva ROC**: Traça o gráfico da taxa de verdadeiros positivos (recordação) em relação à taxa de falsos positivos (1 especificidade) em várias definições de limiar, como se mostra na **Fig. 2**.

o **AUC (Área sob a curva)**: Mede o desempenho geral do modelo de classificação, sendo que uma AUC mais elevada indica um melhor desempenho.

o **Caso de utilização**: Eficaz para comparar diferentes modelos e compreender os compromissos entre verdadeiros positivos e falsos positivos.

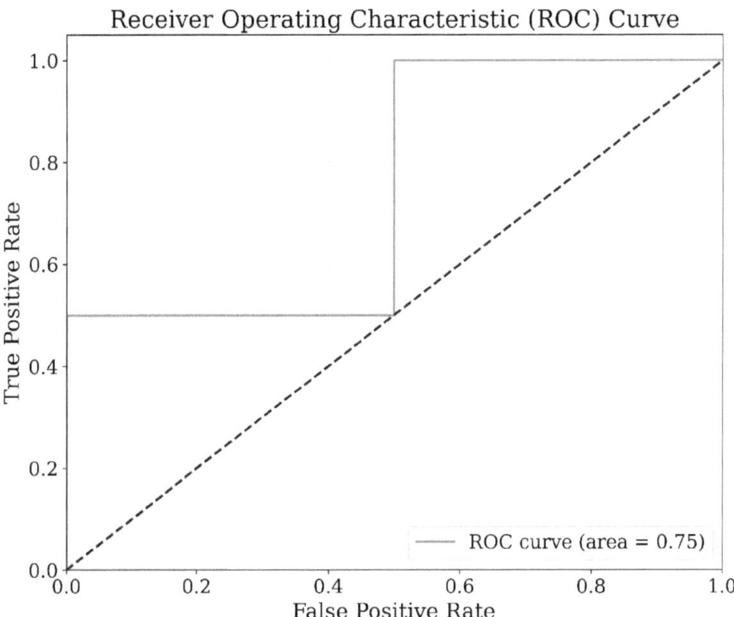

Fig. 2. Curva caraterística de funcionamento do recetor (ROC)

2.7.2. Métricas de regressão

As tarefas de regressão envolvem a previsão de valores contínuos, e várias métricas avaliam a exatidão e a qualidade dessas previsões.

1. **Erro médio absoluto (MAE)**

   o **Definição**: A média das diferenças absolutas entre os valores previstos e os valores reais.

   o **Fórmula**:

$$MAE = \frac{1}{n}\sum_{i=1}^{n} |\hat{y}_i - y_i|$$

   o **Caso de utilização**: Simples de compreender e interpretar, fornecendo uma medida direta da precisão da previsão.

2. **Erro médio quadrático (MSE)**

   o **Definição**: A média das diferenças ao quadrado entre os valores previstos e reais.

   o **Fórmula**:

$$MSE = \frac{1}{n}\sum_{i=1}^{n}(\hat{y}_i - y_i)^2$$

   o **Caso de uso**: enfatiza erros maiores devido ao quadrado, tornando-o sensível a valores discrepantes.

3. **Raiz do erro quadrático médio (RMSE)**

   o **Definição**: A raiz quadrada do erro quadrático médio, fornecendo uma métrica de erro nas mesmas unidades que os valores previstos.

   o **Fórmula**:

$$RMSE = \sqrt{MSE}$$

   o **Caso de utilização**: Semelhante ao MSE, mas mais fácil de interpretar devido às mesmas unidades que a variável-alvo.

4. **R-quadrado (Coeficiente de Determinação, R)^2**

   o **Definição**: Mede a proporção da variância na variável dependente que é previsível a partir das variáveis independentes.

   o **Fórmula**:

$$R^2 = 1 - \frac{\sum_{i=1}^{n}(\hat{y}_i - y_i)^2}{\sum_{i=1}^{n}(y_i - \bar{y})^2}$$

   o **Caso de utilização**: Indica a qualidade do ajuste, sendo que valores mais próximos de 1 indicam um melhor desempenho do modelo.

2.7.3. Métricas de agrupamento

As tarefas de agrupamento envolvem o agrupamento de instâncias semelhantes, e várias métricas avaliam a qualidade desses agrupamentos.

1. **Pontuação da silhueta**

   o **Definição**: Mede a semelhança de um objeto com o seu próprio agrupamento em comparação com outros agrupamentos.

   o **Fórmula**:

$$Silhouette\ Score = \frac{b-a}{max(a,b)}$$

em que a é a distância média a outros pontos no mesmo agrupamento, e b é a distância média aos pontos do agrupamento mais próximo.

   o **Caso de utilização**: pontuações mais elevadas indicam clusters mais bem definidos.

2. **Índice de Davies-Bouldin**

   o **Definição**: Mede o rácio de semelhança médio de cada cluster com o cluster mais semelhante a ele.

   o **Fórmula**:

$$DB\ Index = \frac{1}{n}\sum_{i=1}^{n}\max_{i \neq j}\left(\frac{s_i + s_j}{d_{ij}}\right)$$

   em que s_i e s_j são as dispersões dos agregados, e d_{ij} é a distância entre os centróides dos agregados.

   o **Caso de utilização**: Valores mais baixos indicam um melhor agrupamento.

3. **Índice Rand Ajustado (IAR)**

   o **Definição**: Mede a semelhança entre os agrupamentos previstos e os verdadeiros, ajustados ao acaso.

   o **Fórmula**:

$$ARI = \frac{Index - Expected\ Index}{Max\ Index - Expected\ Index}$$

   o **Caso de uso**: Fornece uma medida robusta para comparar algoritmos de agrupamento.

A escolha da métrica de avaliação correta é crucial para avaliar com precisão o desempenho dos modelos de aprendizagem automática. As métricas fornecem informações sobre o grau de generalização de um modelo a novos dados, destacam áreas a melhorar e orientam a seleção do melhor modelo para uma determinada tarefa. Ao considerar cuidadosamente a natureza da tarefa e os requisitos específicos da aplicação, os profissionais podem selecionar as métricas mais adequadas para garantir o desenvolvimento de modelos de aprendizagem automática eficazes e fiáveis.

CAPÍTULO: 3

3.1. Introdução à aprendizagem supervisionada

A aprendizagem supervisionada é um tipo de aprendizagem automática em que o modelo é treinado num conjunto de dados rotulados, o que significa que cada exemplo de treino é emparelhado com um rótulo de saída. O objetivo da aprendizagem supervisionada é aprender um mapeamento das caraterísticas de entrada para as etiquetas de saída, de modo a que o modelo possa prever com precisão as etiquetas de dados novos e não vistos. A aprendizagem supervisionada é amplamente utilizada em várias aplicações, como a classificação, a regressão e a previsão de séries cronológicas.

3.1.1. Conceitos-chave

1. **Dados de treino e etiquetas**: Na aprendizagem supervisionada, o conjunto de dados consiste em pares de entrada-saída. Os dados de entrada (caraterísticas) são as variáveis independentes, enquanto os dados de saída (etiquetas) são as variáveis dependentes. O modelo utiliza estes dados rotulados para aprender padrões e relações.

2. **Função objetivo**: O objetivo da aprendizagem supervisionada é minimizar a diferença entre os resultados previstos e os resultados reais. Isto é conseguido através da otimização de uma função objetivo (também conhecida como função de perda ou função de custo) durante o processo de formação. As funções de perda comuns incluem o erro quadrático médio (MSE) para tarefas de regressão e a perda de entropia cruzada para tarefas de classificação.

3. **Treino do modelo**: O processo de treino envolve a introdução dos dados de treino no modelo, o cálculo das previsões, o cálculo da perda e a atualização dos parâmetros do modelo para minimizar a perda. Este processo iterativo continua até o modelo atingir um desempenho satisfatório nos dados de treino.

4. **Generalização**: Um aspeto fundamental da aprendizagem supervisionada é garantir que o modelo generaliza bem para dados novos e não vistos. Isto implica dividir o conjunto de dados em conjuntos de treino e de teste, utilizando técnicas como a validação cruzada e monitorizando o sobreajuste e o subajuste.

3.1.2. Tipos de aprendizagem supervisionada

1. **Classificação**

   o **Definição**: As tarefas de classificação envolvem a previsão de uma etiqueta discreta (classe) para cada exemplo de entrada. As etiquetas são categóricas e representam classes diferentes.

   o **Exemplos**: Deteção de spam (spam ou não spam), reconhecimento de imagens (gato, cão ou pássaro), diagnóstico médico (doença presente ou não presente).

   o **Algoritmos comuns**: Regressão logística, árvores de decisão, florestas aleatórias, máquinas de vectores de apoio (SVM), k-vizinhos mais próximos (KNN), redes neuronais.

2. **Regressão**

o   **Definição**: As tarefas de regressão envolvem a previsão de um valor contínuo para cada exemplo de entrada. As etiquetas são numéricas e representam um intervalo contínuo.

o   **Exemplos**: Prever o preço das casas, prever o preço das acções, estimar a temperatura.

o   **Algoritmos comuns**: Regressão linear, regressão polinomial, regressão ridge e lasso, árvores de decisão, florestas aleatórias, regressão vetorial de apoio (SVR), redes neuronais.

3.1.3. Aplicações da aprendizagem supervisionada

1. **Cuidados de saúde**: Prever os resultados dos doentes, diagnosticar doenças, personalizar planos de tratamento.

2. **Finanças**: Pontuação de crédito, deteção de fraudes, negociação algorítmica, avaliação de riscos.

3. **Marketing**: Segmentação de clientes, previsão de churn, sistemas de recomendação.

4. **Comércio retalhista**: Gestão de stocks, previsão de vendas, análise do comportamento dos clientes.

5. **Fabrico**: Manutenção preditiva, controlo de qualidade, otimização da cadeia de fornecimento.

3.1.4. Vantagens da aprendizagem supervisionada

1. **Precisão**: Os modelos de aprendizagem supervisionada podem atingir uma elevada precisão com dados rotulados suficientes e formação adequada.

2. **Resultados interpretáveis**: Muitos algoritmos de aprendizagem supervisionada, como as árvores de decisão e a regressão linear, fornecem resultados interpretáveis, facilitando a compreensão da relação entre caraterísticas e rótulos.

3. **Vasta gama de aplicações**: A aprendizagem supervisionada pode ser aplicada a vários domínios e tarefas, o que a torna uma abordagem versátil à resolução de problemas.

3.1.5. Desafios da aprendizagem supervisionada

1. **Necessidade de dados rotulados**: A aprendizagem supervisionada requer uma grande quantidade de dados rotulados, cuja obtenção pode ser demorada e dispendiosa.

2. **Sobreajuste e subajuste**: Os modelos podem ajustar-se excessivamente aos dados de treino, captando o ruído em vez dos padrões subjacentes, ou ajustar-se insuficientemente, não captando a complexidade dos dados. O equilíbrio destas questões é crucial para uma boa generalização.

3. **Complexidade computacional**: O treino de modelos complexos, especialmente com grandes conjuntos de dados, pode ser computacionalmente intensivo e exigir recursos significativos.

3.2. Modelos de regressão

A regressão linear é um algoritmo de aprendizagem supervisionada fundamental e amplamente utilizado para prever uma variável-alvo contínua. Este algoritmo modela a relação entre uma ou mais caraterísticas de entrada (variáveis independentes) e a variável-alvo (variável dependente), ajustando uma equação linear aos dados observados.

Na sua forma mais simples, a regressão linear com uma única caraterística é representada como:

$$y = \beta_0 + \beta_1 x + \epsilon$$

Onde:

- y é a variável-alvo.

- x é a caraterística de entrada.

- β_0 é a interceção.

- β_1 é o coeficiente (declive) da caraterística.

- ϵ é o termo de erro.

Para caraterísticas múltiplas, a equação estende-se a:

$$y = \beta_0 + \beta_1 x_1 + \beta_2 x_2 + \cdots \ldots + \beta_n x_n + \epsilon$$

3.2.1. Objetivo

O objetivo da regressão linear é minimizar a soma dos resíduos ao quadrado (as diferenças entre os valores observados e previstos). Este objetivo é normalmente alcançado utilizando o método dos mínimos quadrados ordinários (OLS).

Vantagens

- Simplicidade e facilidade de interpretação.

- Computação eficiente e escalabilidade.

- Eficaz para relações lineares entre caraterísticas e a variável-alvo.

Desvantagens

- Limitado a relações lineares.

- Sensível a valores anómalos e à multicolinearidade.

- Assume a homocedasticidade (variância constante dos erros).

3.2.2. Regressão polinomial

A regressão polinomial é uma extensão da regressão linear que modela a relação entre as caraterísticas de entrada e a variável-alvo como um polinómio de grau n. Isto permite captar relações não lineares.

A equação de regressão polinomial é dada por:

$$y = \beta_0 + \beta_1 x + \beta_2 x^2 + \cdots \ldots + \beta_n x^n + \epsilon$$

Onde:

- y é a variável-alvo.

- x é a caraterística de entrada.

- $\beta_0, \beta_1, \beta_2, \dots, \beta_n$ são os coeficientes.
- n é o grau do polinómio.
- ϵ é o termo de erro.

Objetivo

À semelhança da regressão linear, o objetivo é minimizar a soma dos resíduos ao quadrado. No entanto, a regressão polinomial pode ajustar-se a padrões mais complexos e não lineares nos dados.

Vantagens

- Pode modelar relações não lineares.
- Mais flexível do que a regressão linear.

Desvantagens

- Risco de sobreajuste, especialmente com polinómios de grau elevado.
- Maior complexidade e computação em comparação com a regressão linear.
- A interpretação dos coeficientes torna-se mais difícil.

3.3. Regressão Ridge e Lasso

3.3.1. Regressão de cumeeira

A regressão de cumeeira, também conhecida como regularização de Tikhonov, é um tipo de regressão linear que inclui um termo de regularização para evitar o sobreajuste, penalizando coeficientes grandes. Isto é conseguido adicionando uma penalização igual à soma dos coeficientes quadrados à função de perda.

A função objetivo da regressão de cumeeira é:

$$Minimize\left(\sum_{i=1}^{n}(y_i - \hat{y}_i)^2 + \lambda \sum_{j=1}^{p} \beta_j^2\right)$$

Onde:

- y_i é o valor-alvo observado.
- $\hat{y}_i$ é o valor-alvo previsto.
- β_j são os coeficientes.
- λ é o parâmetro de regularização.

Objetivo

O termo de regularização $\left(\lambda \sum_{j=1}^{p} \beta_j^2\right)$ penaliza os coeficientes grandes, ajudando a reduzir a complexidade do modelo e a multicolinearidade.

Vantagens

- Reduz o sobreajuste adicionando um termo de penalização.

- Lida bem com a multicolinearidade.

- Mantém todas as caraterísticas do modelo.

Desvantagens

- Requer a afinação do parâmetro de regularização (λ\lambda$\lambda$).

- Não efectua a seleção de caraterísticas (ou seja, todos os coeficientes são reduzidos mas nenhum é definido como zero).

3.3.2. Regressão Lasso

A regressão Lasso (Least Absolute Shrinkage and Selection Operator) é outra versão regularizada da regressão linear que inclui um termo de penalização. Ao contrário da regressão de cumeeira, a regressão Lasso utiliza os valores absolutos dos coeficientes, o que pode reduzir alguns coeficientes a zero, efectuando efetivamente a seleção de caraterísticas.

A função objetivo da regressão lasso é:

$$Minimize\left(\sum_{i=1}^{n}(y_i - \hat{y}_i)^2 + \lambda \sum_{j=1}^{p}|\beta_j| \right)$$

Onde:

- y_i é o valor-alvo observado.

- $\hat{y}_i$ é o valor-alvo previsto.

- β_j são os coeficientes.

- λ é o parâmetro de regularização.

Objetivo

O termo de regularização $\left(\lambda \sum_{j=1}^{p}|\beta_j| \right)$ penaliza os coeficientes grandes, ajudando a reduzir a complexidade do modelo e a efetuar a seleção de caraterísticas.

Vantagens

- Reduz o sobreajuste adicionando um termo de penalização.

- Efectua a seleção de caraterísticas reduzindo alguns coeficientes a zero.

- Útil quando existem muitas funcionalidades.

Desvantagens

- Requer a afinação do parâmetro de regularização (λ).

- Pode ser sensível à escolha de λ.

- Pode não ter um bom desempenho com caraterísticas altamente correlacionadas.

3.4. Comparação da regressão Ridge e Lasso

- **Regressão Ridge**: Penaliza a soma dos coeficientes ao quadrado e reduz os coeficientes para zero, mas nunca exatamente para zero. É adequada quando todas as caraterísticas são potencialmente úteis.

- **Regressão Lasso**: Penaliza a soma dos coeficientes absolutos e pode reduzir alguns coeficientes exatamente a zero, realizando efetivamente a seleção de caraterísticas. É útil quando algumas caraterísticas não são relevantes.

Em resumo, a regressão linear fornece uma abordagem direta para modelar relações lineares. A regressão polinomial alarga esta abordagem para captar padrões não lineares. A regressão Ridge e Lasso introduzem a regularização para evitar o sobreajuste e lidar com a multicolinearidade, sendo que a Lasso também efectua a seleção de caraterísticas. Compreender estes modelos de regressão e as suas aplicações adequadas é essencial para uma modelação preditiva eficaz.

3.5. Modelos de classificação

3.5.1. Regressão logística

A regressão logística é um método estatístico de classificação binária que modela a probabilidade de um resultado binário com base numa ou mais variáveis de previsão. Ao contrário da regressão linear, a regressão logística é utilizada para prever resultados categóricos, especificamente resultados binários (0 ou 1).

A regressão logística modela a probabilidade PPP de uma determinada entrada XXX pertencer a uma determinada classe. O modelo é representado como:

$$P(Y = 1 \mid X) = \frac{1}{1 + e^{-(\beta_0 + \beta_1 x_1 + \beta_2 x_2 + \cdots \ldots + \beta_n x_n)}}$$

Onde:

- Y é o resultado binário.

- X_i são as variáveis de previsão.

- β_i são os coeficientes.

O limite de decisão é determinado pela função logística (função sigmoide).

Vantagens

- Simples e fácil de implementar.

- Coeficientes interpretáveis.

- Tem um bom desempenho com dados linearmente separáveis.

Desvantagens

- Assume uma relação linear entre as caraterísticas e as probabilidades logarítmicas do resultado.

- Não é adequado para relações complexas.

- Sensível a valores anómalos.

3.5.2. K-Nearest Neighbors (KNN)

O K-Nearest Neighbors (KNN) é um algoritmo de aprendizagem não paramétrico, baseado em instâncias, utilizado para classificação e regressão. Classifica um ponto de dados com base na classe maioritária dos seus vizinhos mais próximos kkk no espaço de caraterísticas.

Algoritmo

1. Selecionar o número de vizinhos kkk.

2. Calcule a distância (por exemplo, a distância euclidiana) entre os dados de teste e todos os pontos de dados de treino.

3. Identificar os vizinhos mais próximos kkkk.

4. Atribuir a etiqueta da classe com base na votação maioritária dos vizinhos mais próximos kkk.

Vantagens

*   Simples e intuitivo.

*   Não há fase de formação; toda a computação ocorre durante a classificação.

*   Eficaz para pequenos conjuntos de dados com uma estrutura simples.

Desvantagens

*   Computacionalmente dispendioso para grandes conjuntos de dados.

*   Sensível à escolha de kkk e da métrica de distância.

*   Fraco desempenho com dados de elevada dimensão (maldição da dimensionalidade).

3.5.3. Árvores de decisão

As árvores de decisão são modelos em forma de árvore utilizados para classificação e regressão. Dividem os dados em subconjuntos com base nos valores das caraterísticas de entrada, criando uma árvore com nós de decisão e nós de folha.

Algoritmo

1. Selecionar a melhor caraterística para dividir os dados com base num critério (por exemplo, impureza de Gini, entropia).

2. Dividir os dados em subconjuntos que maximizem o critério.

3. Repita o processo recursivamente para cada subconjunto até que uma condição de paragem seja satisfeita (por exemplo, profundidade máxima, mínimo de amostras por folha).

Vantagens

*   Fácil de compreender e interpretar.

*   Trata dados numéricos e categóricos.

*   Podem ser captadas relações não lineares entre as caraterísticas e o objetivo.

Desvantagens

*   Propenso ao sobreajuste.

- Sensível a dados ruidosos e a pequenas variações.

- O algoritmo guloso pode não encontrar a árvore óptima.

3.5.4. Máquinas de vectores de suporte (SVM)

As máquinas de vectores de suporte (SVM) são modelos de aprendizagem supervisionada utilizados para classificação e regressão. O objetivo do SVM é encontrar o hiperplano que melhor separa as classes no espaço de caraterísticas, maximizando a margem entre as classes.

Algoritmo

1. Identificar o hiperplano que maximiza a margem entre os pontos mais próximos das diferentes classes (vectores de apoio).

2. Utilizar funções kernel (por exemplo, linear, polinomial, RBF) para transformar os dados num espaço de dimensão superior, se necessário.

3. Resolver o problema de otimização para encontrar o hiperplano ótimo.

Vantagens

- Eficaz em espaços de grande dimensão.

- Funciona bem com uma margem de separação clara.

- Resistente ao sobreajuste, especialmente em espaços de elevada dimensão.

Desvantagens

- Computacionalmente intensivo para grandes conjuntos de dados.

- Menos eficaz com turmas que se sobrepõem.

- Sensível à escolha do kernel e dos parâmetros de regularização.

3.5.5. Classificador Naive Bayes

O Naive Bayes é um classificador probabilístico baseado no teorema de Bayes, assumindo que as caraterísticas são condicionalmente independentes, dada a etiqueta da classe. Apesar da simplicidade deste pressuposto, na prática, tem frequentemente um bom desempenho.

O teorema de Bayes afirma:

$$P(C \mid X) = \frac{P(X \mid C) \cdot P(C)}{P(X)}$$

Onde:

- $P(C|X)$ é a probabilidade posterior da classe C dado o vetor de caraterísticas X.

- $P(X|C)$ é a probabilidade do vetor de caraterísticas X dada a classe C.

- $P(C)$ é a probabilidade prévia da classe C.

- $P(X)$ é a probabilidade do vetor de caraterísticas X.

O classificador Naive Bayes prevê a classe C com a maior probabilidade posterior.

Vantagens

- Simples e rápido de treinar.

- Funciona bem com dados de elevada dimensão.

- Eficaz para classificação de texto e deteção de spam.

Desvantagens

- Assume a independência condicional das caraterísticas, o que raramente é verdade na prática.

- Tem um fraco desempenho com caraterísticas correlacionadas.

- Sensível a probabilidades zero para caraterísticas não vistas (pode ser atenuado com técnicas de suavização).

Em resumo, os modelos de classificação como a regressão logística, K-Nearest Neighbors, árvores de decisão, máquinas de vectores de apoio e Naive Bayes oferecem diferentes pontos fortes e são adequados para vários tipos de tarefas de classificação. A compreensão das suas caraterísticas, vantagens e desvantagens ajuda a selecionar o modelo adequado para um determinado problema.

CAPÍTULO: 4

Tópicos avançados em aprendizagem automática

4.1. Aprendizagem em conjunto

A aprendizagem em conjunto é uma técnica poderosa de aprendizagem automática que combina vários modelos para melhorar o desempenho global, a exatidão e a robustez das previsões. A ideia fundamental é que um grupo de aprendizes fracos pode juntar-se para formar um aprendiz forte. Existem vários métodos de conjunto, incluindo bagging, boosting e stacking. Esta secção centrar-se-á no ensacamento, nas florestas aleatórias e no reforço.

4.1.1. Agregação por ensacamento e bootstrap

Bagging, abreviatura de Bootstrap Aggregating, é um método de conjunto que tem por objetivo melhorar a estabilidade e a precisão dos algoritmos de aprendizagem automática. Reduz a variação e ajuda a evitar o sobreajuste. O ensacamento funciona através do treino de vários modelos em diferentes subconjuntos aleatórios dos dados de treino e, em seguida, agregando as suas previsões.

Algoritmo

1. **Amostragem bootstrap**: Gerar várias amostras bootstrap (amostras aleatórias com substituição) a partir do conjunto de dados original.

2. **Treinamento de modelo**: Treinar um modelo (por exemplo, árvore de decisão) em cada amostra bootstrap.

3. **Agregação**: Combinar as previsões de todos os modelos através do cálculo da média (para regressão) ou da votação (para classificação).

Vantagens

- Reduz a variância e ajuda a evitar o sobreajuste.

- Melhora a estabilidade e a precisão do modelo.

- Simples de implementar e compreender.

Desvantagens

- Pode ser computacionalmente intensivo.

- Não reduz significativamente o enviesamento.

Aplicações

- Random Forests (um caso específico de ensacamento com árvores de decisão).

- Qualquer modelo de elevada variância, como as árvores de decisão.

4.1.2. Florestas aleatórias

Random Forests é um método de aprendizagem de conjunto concebido especificamente para árvores de decisão. Combina os conceitos de ensacamento e seleção aleatória de caraterísticas para criar uma "floresta" de diversas árvores de decisão, melhorando o desempenho global do modelo.

Algoritmo

1. **Amostragem bootstrap**: Gerar várias amostras bootstrap a partir do conjunto de dados original.

2. **Seleção aleatória de caraterísticas**: Para cada árvore, selecionar um subconjunto aleatório de caraterísticas a considerar para a divisão em cada nó.

3. **Formação da árvore**: Treinar uma árvore de decisão em cada amostra bootstrap com as caraterísticas selecionadas.

4. **Agregação**: Combinar as previsões de todas as árvores através de média (para regressão) ou votação (para classificação).

Vantagens

- Reduz o sobreajuste em comparação com as árvores de decisão individuais.

- Lida bem com dados de elevada dimensão.

- Resistente ao ruído e a anomalias.

- Fornece métricas de importância de caraterísticas.

Desvantagens

- Pode ser menos interpretável do que uma única árvore de decisão.

- Computacionalmente intensivo com grandes conjuntos de dados e muitas árvores.

Aplicações

- Tarefas de classificação (por exemplo, diagnóstico médico, deteção de spam).

- Tarefas de regressão (por exemplo, previsão de preços de casas, preços de acções).

4.2. Impulsionamento

O boosting é um método de conjunto que se concentra na conversão de alunos fracos em alunos fortes. Ao contrário do bagging, que treina modelos independentemente, o boosting treina modelos sequencialmente, com cada modelo a tentar corrigir os erros do anterior. O objetivo do Boosting é reduzir o enviesamento e a variância.

4.2.1. AdaBoost (Reforço adaptativo)

O AdaBoost é um dos primeiros e mais populares algoritmos de boosting. Funciona através da formação sequencial de aprendentes fracos, normalmente cotos de decisão (árvores de decisão de nível único), e do ajuste dos seus pesos com base no seu desempenho.

Algoritmo

1. **Inicializar pesos**: Atribuir pesos iguais a todos os exemplos de treino.

2. **Treinar aluno fraco**: Treinar um aluno fraco nos dados de treino ponderados.

3. **Calcular o erro**: Calcular o erro do aprendiz fraco.

4. **Atualizar pesos**: Aumentar os pesos dos exemplos mal classificados e diminuir os pesos dos exemplos corretamente classificados.

5. **Combinar Alunos**: Formar uma soma ponderada das previsões dos alunos fracos.

Vantagens

- Simples e eficaz para uma vasta gama de problemas.

- Reduz o enviesamento e a variância.

- Pode melhorar o desempenho dos alunos mais fracos.

Desvantagens

- Sensível a dados ruidosos e a valores anómalos.

- Pode ser excessivamente ajustado se não for corretamente afinado.

Aplicações

- Tarefas de classificação binária (por exemplo, classificação de texto, deteção de rostos).

4.2.2. Reforço de gradiente

O Gradient Boosting é uma generalização do boosting para funções de perda diferenciáveis arbitrárias. Constrói modelos sequencialmente, com cada novo modelo a ser treinado para corrigir os erros residuais dos modelos anteriores combinados.

Algoritmo

1. **Inicializar o modelo**: Começar com uma previsão inicial (por exemplo, a média da variável-alvo).

2. **Calcular resíduos**: Calcular os resíduos (erros) do modelo atual.

3. **Treinar aluno fraco**: Treinar um aluno fraco nos resíduos.

4. **Atualizar modelo**: Adicionar o novo aprendiz fraco ao modelo existente, ponderado por uma taxa de aprendizagem.

5. **Iterar**: Repetir o processo durante um número fixo de iterações ou até à convergência.

Vantagens

- Altamente flexível e pode otimizar uma vasta gama de funções de perda.

- Eficaz na redução do enviesamento e da variância.

- Muitas vezes resulta num desempenho de topo de gama.

Desvantagens

- Pode ser computacionalmente intensivo e de formação lenta.

- Requer uma afinação cuidadosa dos hiperparâmetros (por exemplo, número de iterações, taxa de aprendizagem).

Aplicações

- Tarefas de regressão (por exemplo, previsão de vendas, previsão de procura).

- Tarefas de classificação (por exemplo, pontuação de crédito, previsão de doenças).

4.2.3. XGBoost (Extreme Gradient Boosting)

O XGBoost é uma implementação optimizada e escalável do gradient boosting. Inclui várias melhorias, tais como regularização, processamento paralelo e paragem antecipada, para melhorar o desempenho e a velocidade.

Melhorias do algoritmo

1. **Regularização**: Adiciona termos de regularização L1 e L2 à função de perda para evitar o sobreajuste.

2. **Processamento paralelo**: Utiliza o processamento paralelo para acelerar a computação.

3. **Poda de árvores**: Utiliza um algoritmo de poda de árvores mais eficiente.

4. **Paragem antecipada**: Pára a formação quando não é observada uma melhoria significativa no conjunto de validação.

Vantagens

- Elevado desempenho e precisão.

- Eficiente e escalável.

- Lida bem com valores em falta e caraterísticas categóricas.

Desvantagens

- Requer uma afinação cuidadosa dos hiperparâmetros.

- A sua aplicação e compreensão podem ser complexas.

Aplicações

- Vasta gama de tarefas de aprendizagem automática, incluindo classificação, regressão e classificação.

- Frequentemente utilizado em concursos de ciência de dados e em aplicações do mundo real.

Em resumo, os métodos de aprendizagem em conjunto, como o ensacamento, as florestas aleatórias e o reforço, melhoram significativamente o desempenho dos modelos de aprendizagem automática. O ensacamento reduz a variância, as florestas aleatórias combinam os pontos fortes de várias árvores de decisão e o reforço reduz tanto o enviesamento como a variância, melhorando sequencialmente os alunos mais fracos. A compreensão destas técnicas avançadas é crucial para a criação de modelos preditivos robustos e exactos.

4.3. Redes neurais e aprendizagem profunda

4.3.1. Estrutura básica das redes neuronais

As redes neuronais são uma classe de modelos de aprendizagem automática inspirados na estrutura e função do cérebro humano. São constituídas por camadas de nós interligados (neurónios) que trabalham em conjunto para aprender representações a partir de dados de entrada e fazer previsões. A aprendizagem profunda refere-se a redes neuronais com várias camadas (redes neuronais profundas), permitindo a modelação de padrões e relações complexos.

Componentes de uma rede neural

1. **Neurónios**: As unidades básicas de uma rede neural. Cada neurónio recebe um input, processa-o e passa-o para a camada seguinte. A saída do neurónio é determinada por uma função de ativação aplicada à soma ponderada das suas entradas.

2. **Camadas**: As redes neuronais são constituídas por várias camadas:

    o **Camada de entrada**: A primeira camada que recebe as caraterísticas de entrada.

    o **Camadas ocultas**: Camadas intermédias entre as camadas de entrada e de saída. Estas camadas transformam as entradas em representações intermédias.

    o **Camada de saída**: A camada final que produz as previsões da rede.

3. **Pesos e Biases**: Cada conexão entre neurônios tem um peso associado, que é ajustado durante o treinamento para minimizar o erro. Os vieses são parâmetros adicionais adicionados à soma ponderada das entradas para permitir que a rede se ajuste melhor aos dados.

4.3.2. Estrutura

Uma estrutura típica de rede neural pode ser representada da seguinte forma:

$$Input \rightarrow Hidden\ Layer\ 1 \rightarrow Hidden\ Layer\ 2 \rightarrow \cdots \rightarrow Output$$

Cada camada está totalmente ligada à camada seguinte, o que significa que todos os neurónios de uma camada estão ligados a todos os neurónios da camada seguinte.

4.3.3. Funções de ativação

As funções de ativação introduzem a não linearidade na rede, permitindo-lhe modelar relações complexas. Determinam se um neurónio deve ser ativado com base na soma ponderada das entradas.

1. **Função Sigmoide**

    o **Fórmula**: $\sigma(x) = \frac{1}{1+e^{-x}}$

    o **Gama**: (0, 1)

    o **Caso de utilização**: Normalmente utilizado na camada de saída para problemas de classificação binária.

    o **Vantagens**: Gradiente suave, os resultados podem ser interpretados como probabilidades.

    o **Desvantagens**: Pode sofrer de gradientes de fuga, levando a uma convergência lenta.

2. **Função tangente hiperbólica (tanh)**

    o **Fórmula**: $\tan h(x) = \frac{e^{x}-e^{-x}}{e^{x}+e^{-x}}$

    o **Intervalo**: (-1, 1)

    o **Caso de utilização**: Frequentemente utilizado em camadas ocultas.

    o **Vantagens**: Saída centrada no zero, o que ajuda na convergência.

    o **Desvantagens**: Pode também sofrer de desvanecimento de gradientes.

3. **Função da Unidade Linear Rectificada (ReLU)**

    o **Fórmula**: $ReLU(x) = max(0, x)$

- o **Intervalo**: $[0, \infty)$

- o **Caso de utilização**: Amplamente utilizado em camadas ocultas de redes neurais profundas.

- o **Vantagens**: Computacionalmente eficiente, atenua o problema do gradiente de fuga.

- o **Desvantagens**: Podem sofrer de ReLUs moribundos, em que os neurónios ficam inactivos e deixam de aprender.

4. **Função ReLU com fugas**

- o **Fórmula**: $Leaky\ ReLU(x) = \begin{cases} x \ if\ x \geq 0 \\ \alpha x \ if\ x < 0 \end{cases}$

- o **Intervalo**: $(-\infty, \infty)$

- o **Caso de utilização**: semelhante ao ReLU, mas ajuda a prevenir a morte de neurónios.

- o **Vantagens**: Permite um gradiente pequeno e diferente de zero quando a entrada é negativa.

- o **Desvantagens**: Introduz um hiperparâmetro adicional (α) para afinar.

5. **Função Softmax**

- o **Fórmula**: $Softmax(x_i) =$

- o **Gama**: $(0, 1)$

- o **Caso de utilização**: Normalmente utilizado na camada de saída para problemas de classificação multi-classe.

- o **Vantagens**: Os resultados podem ser interpretados como probabilidades cuja soma é igual a 1.

- o **Desvantagens**: Computacionalmente intensivo para um grande número de classes.

4.3.4. Treinar redes neurais

O treinamento de uma rede neural envolve a otimização de seus pesos e vieses para minimizar o erro entre as saídas previstas e as reais. Normalmente, este processo é efectuado através de um método denominado retropropagação, combinado com um algoritmo de otimização.

Etapas da formação

1. **Propagação para a frente**

- o Os dados de entrada são passados através da rede, camada a camada, para obter as previsões de saída.

- o A saída de cada neurónio é calculada como a soma ponderada das suas entradas, passando por uma função de ativação.

2. **Cálculo de perdas**

- o A função de perda (ou custo) quantifica a diferença entre os resultados previstos e os objectivos reais.

- o As funções de perda comuns incluem o erro quadrático médio (MSE) para tarefas de regressão e a perda de entropia cruzada para tarefas de classificação.

3. **Propagação para trás**

   o   Os pesos e as polarizações da rede são actualizados com base nos gradientes da função de perda em relação a cada parâmetro.

   o   Isto implica calcular o gradiente da função de perda em relação a cada parâmetro (derivadas parciais) utilizando a regra da cadeia.

   o   Os gradientes são então propagados para trás através da rede, da camada de saída para a camada de entrada.

4. **Otimização**

   o   Os gradientes são utilizados para atualizar os pesos e os desvios para minimizar a função de perda.

   o   Os algoritmos de otimização mais comuns incluem:

      ▪   **Gradiente descendente**: Actualiza os parâmetros na direção do gradiente negativo.

      ▪   **Descida de Gradiente Estocástico (SGD)**: Utiliza um subconjunto (mini-lote) dos dados de treino para atualizar os parâmetros, melhorando a eficiência.

      ▪   **Adam (Adaptive Moment Estimation)**: Combina as vantagens do RMSProp e do SGD com o momento, adaptando a taxa de aprendizagem para cada parâmetro.

5. **Épocas e Iterações**

   o   Uma época é uma passagem completa por todo o conjunto de dados de treino.

   o   O processo de treino envolve normalmente várias épocas, permitindo que o modelo aprenda progressivamente com os dados.

6. **Regularização**

   o   Técnicas como a regularização L1 e L2, o abandono e a paragem precoce são utilizadas para evitar o sobreajuste e melhorar a generalização.

   o   **Desistência**: Deixa cair aleatoriamente unidades (neurónios) durante o treino para evitar a co-adaptação.

   o   **Paragem antecipada**: Interrompe o treino quando o desempenho num conjunto de validação começa a degradar-se, indicando um potencial sobreajuste.

7. **Avaliação**

   o   Após o treino, o desempenho do modelo é avaliado num conjunto de dados de teste separado para avaliar a sua capacidade de generalização.

   o   Para a avaliação, são utilizadas métricas como a exatidão, a precisão, a recuperação, a pontuação F1 (para classificação) e o erro quadrático médio, R-quadrado (para regressão).

As redes neuronais e a aprendizagem profunda revolucionaram o campo da aprendizagem automática, permitindo a modelação de padrões e relações complexas nos dados. Compreender a estrutura básica das redes neuronais, o papel das funções de ativação e o processo de formação destas redes é crucial para tirar partido do seu poder em várias aplicações. Com avanços contínuos e investigação, as redes neuronais e a aprendizagem profunda estão preparadas para resolver problemas ainda mais complexos e desafiantes no futuro.

CAPÍTULO: 5

Avaliação e melhoria do modelo

5.1. Métricas de avaliação

As métricas de avaliação são cruciais para avaliar o desempenho dos modelos de aprendizagem automática. Fornecem uma base quantitativa para comparar modelos e compreender os seus pontos fortes e fracos. Esta secção aborda várias métricas importantes, incluindo exatidão, precisão, recuperação, pontuação F1, ROC e AUC.

5.2. Exatidão, Precisão, Recuperação, Pontuação F1

5.2.1. Exatidão

Definição: A precisão é o rácio entre as instâncias corretamente previstas e o total de instâncias. É uma das métricas de avaliação mais simples.

Vantagens:

- Simples de compreender e calcular.
- Útil quando a distribuição das classes é equilibrada.

Desvantagens:

- Enganador quando a distribuição das classes é desequilibrada (por exemplo, em casos de acontecimentos raros).

5.2.2. Precisão

Definição: A precisão é o rácio entre as instâncias positivas corretamente previstas e o total de positivos previstos. Indica a exatidão das previsões positivas.

Vantagens:

- Útil quando o custo de falsos positivos é elevado.
- Fornece informações sobre o desempenho do modelo no que respeita a previsões positivas.

Desvantagens:

- Não considera os falsos negativos, que podem ser críticos em determinadas aplicações.

5.2.3. Recordação (Sensibilidade)

Definição: A recuperação é o rácio entre os casos positivos corretamente previstos e o total de casos positivos reais. Mede a capacidade do modelo para identificar todas as instâncias relevantes.

Vantagens:

- Útil quando o custo de falsos negativos é elevado.
- Fornece informações sobre o desempenho do modelo no que diz respeito à captura de todas as instâncias positivas.

Desvantagens:

- Não considera os falsos positivos, que podem ser críticos em determinadas aplicações.

5.2.4. Pontuação F1

Definição: A pontuação F1 é a média harmónica da precisão e da recuperação. Proporciona um equilíbrio entre as duas métricas e é útil quando a distribuição das classes é desequilibrada.

Vantagens:

- Equilibra a precisão e a recuperação, fornecendo uma única métrica para a avaliação do desempenho.

- Útil quando a distribuição das classes é desequilibrada.

Desvantagens:

- Pode não refletir totalmente o desempenho se os valores de precisão e de recuperação forem significativamente diferentes.

5.2.5. ROC e AUC

Curva ROC (Caraterística de Funcionamento do Recetor)

Definição: A curva ROC é uma representação gráfica do desempenho de um classificador em diferentes limiares. Traça o gráfico da taxa de verdadeiros positivos (recuperação) contra a taxa de falsos positivos (1 especificidade).

Componentes:

- **Taxa de Verdadeiros Positivos (Recall)**: $TPR = \frac{TP}{TP+FN}$

- **Taxa de falsos positivos**: $FPR = \frac{FP}{FP+TN}$

Interpretação:

- A curva ROC ilustra o compromisso entre a sensibilidade (recuperação) e a especificidade (taxa de verdadeiros negativos) para diferentes valores de limiar.

- Um modelo com uma curva mais próxima do canto superior esquerdo indica um melhor desempenho.

AUC (Área sob a curva ROC)

Definição: A AUC é um valor escalar único que representa a área sob a curva ROC. Fornece uma medida agregada do desempenho do modelo em todos os valores de limiar.

Alcance:

- AUC varia de 0 a 1.

- Uma AUC de 0,5 indica um modelo sem capacidade de discriminação (adivinhação aleatória).

- Uma AUC próxima de 1 indica um excelente desempenho do modelo.

Vantagens:

- Resume o desempenho de um classificador em todos os limiares.

- Insensível ao desequilíbrio entre classes.

Desvantagens:

- Pode não captar totalmente as soluções de compromisso relevantes para aplicações específicas.

- Pode ser menos intuitivo em comparação com a precisão e a recuperação.

Exemplo

Considere um classificador binário avaliado num conjunto de teste, resultando nos seguintes pontos da curva ROC:

Limiar	TPR (Recordação)	FPR
0.1	0.95	0.50
0.2	0.90	0.30
0.3	0.85	0.20
0.4	0.80	0.10
0.5	0.75	0.05

O traçado destes pontos produz a curva ROC. A AUC é a área sob esta curva, fornecendo uma única métrica para avaliar o desempenho do classificador.

Em resumo, a exatidão, a precisão, a recuperação, a pontuação F1, o ROC e a AUC são métricas de avaliação fundamentais que fornecem informações valiosas sobre o desempenho dos modelos de aprendizagem automática. Cada métrica tem os seus pontos fortes e é adequada para diferentes tipos de problemas e distribuições de classes. Compreender e aplicar corretamente estas métricas é essencial para desenvolver modelos robustos e eficazes.

5.3. Técnicas de validação cruzada

5.3.1. Técnicas de validação cruzada

A validação cruzada é um método estatístico utilizado para estimar o desempenho dos modelos de aprendizagem automática. Envolve a partição do conjunto de dados em vários subconjuntos e a avaliação do desempenho do modelo em diferentes subconjuntos para garantir a sua boa generalização a dados não vistos. A validação cruzada ajuda a mitigar o sobreajuste e fornece uma estimativa mais fiável do desempenho do modelo. Duas técnicas de validação cruzada comummente utilizadas são a validação cruzada K-Fold e a validação cruzada Leave-One-Out.

5.3.2. K-Fold Cross-Validation

A validação cruzada K-Fold é uma técnica que envolve a divisão do conjunto de dados em k subconjuntos de tamanho igual ou "dobras". O modelo é treinado k vezes, cada vez usando k-1 dobras para treinamento e a dobra restante para validação. O processo é repetido k vezes, com cada dobra utilizada exatamente uma vez como conjunto de validação.

Algoritmo

1. **Dividir os dados**: Dividir o conjunto de dados em k dobras de igual tamanho.

2. **Formação e validação**:

   o Para cada dobra iii (em que iii varia de 1 a k):

   - Treinar o modelo em k-1 dobras (ou seja, excluindo a ith dobra).

- Validar o modelo na i^{th} dobra.

3. **Resultados agregados**: Calcular a métrica de desempenho (por exemplo, exatidão, precisão, recuperação) para cada dobra e calcular o desempenho médio de todas as k dobras.

Vantagens

- Fornece uma estimativa mais fiável do desempenho do modelo em comparação com uma única divisão treino-teste.

- Reduz a variabilidade da métrica de desempenho calculando a média dos resultados de várias dobras.

- Adequado para pequenos conjuntos de dados em que é essencial reter o máximo de dados para formação.

Desvantagens

- Computacionalmente intensivo, especialmente para grandes conjuntos de dados e modelos complexos.

- Pode não ser adequado para dados de séries cronológicas ou dados com dependências.

Exemplo

Considere um conjunto de dados com 100 instâncias e k=5 (validação cruzada 5 vezes):

1. Dividir os dados em 5 dobras, cada uma contendo 20 instâncias.

2. Efetuar as seguintes iterações:

   o Treinar nas dobras 1-4, validar na dobra 5.

   o Treinar nas dobras 1-3 e 5, validar na dobra 4.

   o Treinar nas dobras 1-2 e 4-5, validar na dobra 3.

   o Treinar nas dobras 1 e 3-5, validar na dobra 2.

   o Treinar nas dobras 2-5, validar na dobra 1.

3. Fazer a média das métricas de desempenho em todas as 5 iterações para obter a estimativa de desempenho final.

5.4. Validação cruzada leave-one-out (LOOCV)

A validação cruzada Leave-One-Out (LOOCV) é um caso extremo da validação cruzada K-Fold, em que k é igual ao número de instâncias no conjunto de dados. Na LOOCV, cada instância é utilizada uma vez como conjunto de validação, enquanto as restantes n-1n-1n-1 instâncias são utilizadas para treino. Este processo é repetido para cada instância do conjunto de dados.

Algoritmo

1. **Formação e validação**:

   o Para cada instância iii (em que iii varia de 1 a n):

     - Treinar o modelo em n-1n-1n-1 instâncias (ou seja, excluindo a ith instância).

     - Validar o modelo na instância i^{th}instância.

2. **Resultados agregados**: Calcule a métrica de desempenho para cada instância e calcule o desempenho médio de todas as n instâncias.

Vantagens

- Fornece uma estimativa não enviesada do desempenho do modelo, uma vez que cada instância é utilizada para validação exatamente uma vez.

- Adequado para pequenos conjuntos de dados em que é essencial utilizar o máximo de dados possível para a formação.

Desvantagens

- Computacionalmente muito intensivo, especialmente para grandes conjuntos de dados.

- Pode ter uma variância elevada se o conjunto de dados não for representativo ou contiver valores atípicos.

Exemplo

Considere um conjunto de dados com 10 instâncias:

1. Efetuar as seguintes iterações:

    o Treinar nas instâncias 2-10, validar na instância 1.

    o Treinar nas instâncias 1 e 3-10, validar na instância 2.

    o Treinar nas instâncias 1-2 e 4-10, validar na instância 3.

    o Continuar este processo até que cada instância tenha sido utilizada uma vez como conjunto de validação.

2. Fazer a média das métricas de desempenho em todas as 10 iterações para obter a estimativa de desempenho final.

5.5. Comparação da validação cruzada K-Fold e LOOCV

- **K-Fold Cross-Validation**: Equilibra o viés e a variância, fornecendo uma estimativa de desempenho mais estável com menos requisitos computacionais do que o LOOCV.

- **LOOCV**: Fornece uma estimativa não enviesada do desempenho, mas pode ser computacionalmente proibitivo para grandes conjuntos de dados e pode conduzir a uma variância elevada.

Escolher a técnica correta

A escolha entre a validação cruzada K-Fold e o LOOCV depende do tamanho do conjunto de dados, dos recursos computacionais e da necessidade de compensar a polarização e a variância:

- Utilize **a validação cruzada K-Fold** quando tem um conjunto de dados de tamanho moderado e procura um equilíbrio entre a tendência e a variância.

- Utilize **o LOOCV** para conjuntos de dados muito pequenos ou quando pretender maximizar a utilização dos dados de treino, mas tenha em atenção o custo computacional.

Em resumo, as técnicas de validação cruzada, como a validação cruzada K-Fold e a validação cruzada Leave-One-Out, são ferramentas essenciais para avaliar e melhorar o desempenho dos modelos de aprendizagem automática. Fornecem estimativas mais fiáveis do desempenho do modelo e ajudam a evitar o sobreajuste, conduzindo a modelos mais robustos e generalizáveis.

5.6. Afinação de modelos e otimização de hiperparâmetros

5.6.1. Afinação de modelos e otimização de hiperparâmetros

A afinação de modelos e a otimização de hiperparâmetros são passos cruciais na construção de modelos de aprendizagem automática eficazes. Os hiperparâmetros são parâmetros que não são aprendidos a partir dos dados, mas definidos antes do início do processo de formação. A otimização destes hiperparâmetros pode melhorar significativamente o desempenho do modelo. Esta secção abrange três técnicas comuns de otimização de hiperparâmetros: Pesquisa em grelha, Pesquisa aleatória e Otimização Bayesiana.

5.6.2. Pesquisa na grelha

A pesquisa em grelha é uma técnica de otimização de hiperparâmetros que pesquisa exaustivamente através de um subconjunto especificado do espaço de hiperparâmetros. Envolve a definição de uma grelha de valores de hiperparâmetros e a avaliação do desempenho do modelo para cada combinação.

Algoritmo

1. **Definir grelha de hiperparâmetros**: Especifique o intervalo de valores para cada hiperparâmetro a ser testado.

2. **Treinar e avaliar**: Para cada combinação de hiperparâmetros, treine o modelo no conjunto de treino e avalie o seu desempenho no conjunto de validação.

3. **Selecionar a melhor combinação**: Identificar a combinação de hiperparâmetros que resulta na melhor métrica de desempenho (por exemplo, exatidão, pontuação F1).

Vantagens

- Simples e fácil de implementar.

- Garante encontrar a combinação óptima dentro da grelha especificada.

Desvantagens

- Computacionalmente dispendioso, especialmente para grandes grelhas e modelos complexos.

- Pode tornar-se impraticável com um elevado número de hiperparâmetros ou intervalos alargados.

Exemplo

Considere uma máquina de vectores de suporte (SVM) com dois hiperparâmetros: C (parâmetro de regularização) e gamma (coeficiente do kernel). Uma pesquisa em grelha pode avaliar as seguintes combinações:

- C: [0.1, 1, 10]

- Gama: [0,01, 0,1, 1]

A pesquisa em grelha testaria todas as 3x3 = 9 combinações de C e gama.

5.6.3. Pesquisa aleatória

Definição

A pesquisa aleatória é uma técnica de otimização de hiperparâmetros que recolhe aleatoriamente amostras de combinações de hiperparâmetros a partir de uma distribuição especificada. Não avalia todas as combinações, mas sim um subconjunto aleatório.

Algoritmo

1. **Definir distribuição de hiperparâmetros**: Especifique o intervalo ou a distribuição de cada hiperparâmetro.

2. **Amostragem aleatória**: Amostrar aleatoriamente um número predefinido de combinações de hiperparâmetros.

3. **Treinar e avaliar**: Para cada combinação amostrada, treinar o modelo no conjunto de treino e avaliar o seu desempenho no conjunto de validação.

4. **Selecionar a melhor combinação**: Identificar a combinação de hiperparâmetros que resulta na melhor métrica de desempenho.

Vantagens

- Mais eficiente do que a pesquisa em grelha, uma vez que explora um espaço maior de hiperparâmetros com menos avaliações.

- Encontra frequentemente boas combinações de hiperparâmetros mais rapidamente do que a pesquisa em grelha.

Desvantagens

- Não há garantia de encontrar a combinação óptima absoluta.

- O desempenho pode variar consoante as amostras aleatórias selecionadas.

Exemplo

Utilizando o mesmo exemplo de SVM, a pesquisa aleatória pode recolher aleatoriamente 10 combinações de C e gama a partir dos intervalos especificados:

- C: [0.1, 1, 10]

- Gama: [0,01, 0,1, 1]

Em vez de avaliar todas as 9 combinações, a pesquisa aleatória avalia apenas 10 pares escolhidos aleatoriamente.

5.6.4. Otimização Bayesiana

Definição

A Otimização Bayesiana é uma técnica de otimização de hiperparâmetros mais avançada que constrói um modelo probabilístico da função objetivo e o utiliza para selecionar os hiperparâmetros mais promissores a avaliar em seguida. Equilibra a exploração e o aproveitamento para encontrar os hiperparâmetros óptimos de forma eficiente.

Algoritmo

1. **Inicializar**: Começar com algumas avaliações iniciais da função objetivo em combinações de hiperparâmetros escolhidas aleatoriamente.

2. **Modelo substituto**: Construir um modelo substituto (normalmente um Processo Gaussiano) para aproximar a função objetivo com base nas avaliações observadas.

3. **Função de aquisição**: Utilize uma função de aquisição para determinar o próximo conjunto de hiperparâmetros a avaliar. A função de aquisição equilibra a exploração (experimentando novas áreas) e o aproveitamento (concentrando-se em áreas com bom desempenho).

4. **Iterar**: Avaliar os hiperparâmetros selecionados, atualizar o modelo substituto com os novos dados e repetir até ser cumprido um critério de paragem (por exemplo, número de iterações, convergência).

Vantagens

- Mais eficiente do que a pesquisa em grelha e aleatória, especialmente para funções de avaliação dispendiosa.

- Pode encontrar boas combinações de hiperparâmetros com menos avaliações.

Desvantagens

- A sua aplicação é mais complexa e requer a criação de um modelo probabilístico e de uma função de aquisição.

- Computacionalmente intensivo para espaços hiperparamétricos de elevada dimensão.

Para o exemplo SVM, a Otimização Bayesiana pode começar com algumas avaliações aleatórias de C e gama. Com base nestas avaliações iniciais, constrói um modelo de Processo Gaussiano da função objetivo e utiliza uma função de aquisição (por exemplo, Melhoria Esperada) para selecionar os próximos hiperparâmetros a avaliar. Este processo continua de forma iterativa, refinando a pesquisa com base em avaliações anteriores.

5.7. Comparação de técnicas de otimização de hiperparâmetros

Técnica	Método de exploração	Eficiência	Complexidade	Adequado para
Pesquisa na grelha	Exaustivo	Baixa	Simples	Espaços de hiperparâmetros pequenos
Pesquisa aleatória	Amostragem aleatória	Médio	Simples	Grandes espaços hiperparamétricos
Otimização Bayesiana	Modelo probabilístico	Elevado	Complexo	Avaliações dispendiosas, modelos complexos

Escolher a técnica correta

- **Pesquisa em grelha**: Utilizar quando o espaço de hiperparâmetros é pequeno e os recursos computacionais são abundantes.

- **Pesquisa aleatória**: Utilizar quando o espaço de hiperparâmetros é grande e é necessária uma solução rápida e razoável.

- **Otimização Bayesiana**: Utilizar quando as avaliações são dispendiosas e é necessário um método de pesquisa mais eficiente.

Em resumo, a otimização de hiperparâmetros é um passo fundamental para melhorar o desempenho do modelo de aprendizagem automática. Técnicas como a Pesquisa em Grelha, a Pesquisa Aleatória e a Otimização Bayesiana oferecem diferentes soluções de compromisso em termos de eficiência, complexidade e adequação a vários cenários. A compreensão destas técnicas ajuda a selecionar o método adequado para ajustar os modelos de forma eficaz.

5.8. Considerações práticas

5.8.1. Tratamento de dados desequilibrados

Os dados desequilibrados ocorrem quando as classes num problema de classificação não estão representadas de forma igual. Isto pode levar a modelos tendenciosos que favorecem a classe maioritária e têm um desempenho fraco na classe minoritária. O tratamento correto dos dados desequilibrados é crucial para a construção de modelos robustos e justos.

Técnicas de tratamento de dados desequilibrados

1. **Técnicas de reamostragem**

   o **Sobreamostragem da classe minoritária**: Aumentar o número de instâncias na classe minoritária através da duplicação de amostras existentes ou da geração de novas amostras (por exemplo, SMOTE - Synthetic Minority Over-sampling Technique).

   o **Subamostragem da classe maioritária**: Reduzir o número de instâncias na classe maioritária através da remoção aleatória de amostras.

   o **Métodos híbridos**: Combinam a sobreamostragem e a subamostragem para equilibrar as classes.

2. **Abordagens ao nível do algoritmo**

   o **Aprendizagem sensível aos custos**: Modificar o algoritmo de aprendizagem para atribuir custos de classificação incorrecta mais elevados à classe minoritária. Isto pode ser conseguido ajustando os pesos das classes ou modificando a função de perda.

   o **Métodos de conjunto**: Utilizar técnicas de conjunto como as Random Forests ou Boosting com ajustamentos para lidar melhor com dados desequilibrados. Por exemplo, as florestas aleatórias equilibradas combinam a amostragem bootstrap e a aprendizagem sensível aos custos.

3. **Métricas de avaliação**

   o **Curva de precisão-recuperação**: Concentre-se na precisão e na recuperação em vez da exatidão para avaliar o desempenho do modelo na classe minoritária.

   o **Pontuação F1**: Utilizar a média harmónica da precisão e da recuperação para avaliar o desempenho.

   o **Pontuação ROC-AUC**: Considera a área sob a curva ROC, que é menos sensível ao desequilíbrio das classes.

Num sistema de deteção de fraudes em que as transacções fraudulentas (classe minoritária) são raras em comparação com as transacções legítimas (classe maioritária), a utilização de técnicas como o SMOTE para sobreamostragem de transacções fraudulentas e a avaliação do modelo com precisão, recuperação e pontuação F1 podem melhorar o desempenho da deteção.

5.8.2. Engenharia de recursos

A engenharia de caraterísticas envolve a criação de novas caraterísticas ou a modificação das existentes para melhorar o desempenho do modelo. Uma engenharia de caraterísticas eficaz pode aumentar significativamente o poder de previsão dos modelos de aprendizagem automática.

5.8.3. Seleção de caraterísticas

A seleção de caraterísticas é o processo de identificação e seleção das caraterísticas mais relevantes para o treino do modelo. Ajuda a reduzir a dimensionalidade, a melhorar o desempenho do modelo e a evitar o sobreajuste.

1. **Métodos de filtragem**

   - **Coeficiente de correlação**: Selecionar caraterísticas com base na sua correlação com a variável alvo.

   - **Teste do Qui-Quadrado**: Avaliar a independência entre as caraterísticas categóricas e a variável-alvo.

   - **Informação mútua**: Mede a dependência mútua entre as caraterísticas e a variável-alvo.

2. **Métodos Wrapper**

   - **Eliminação recursiva de caraterísticas (RFE)**: Construir modelos iterativamente e remover as caraterísticas menos importantes.

   - **Seleção progressiva**: Começar sem caraterísticas, adicionar uma caraterística de cada vez que melhore mais o desempenho do modelo.

   - **Eliminação regressiva**: Começar com todas as caraterísticas, remover uma caraterística de cada vez que reduza menos o desempenho do modelo.

3. **Métodos incorporados**

   - **Regressão Lasso (Regularização L1)**: Seleciona automaticamente as caraterísticas reduzindo a zero os coeficientes das caraterísticas menos importantes.

   - **Métodos baseados em árvores**: Utilizar pontuações de importância de caraterísticas de árvores de decisão ou métodos de conjunto como Random Forests.

Num modelo de previsão do abandono do cliente, a utilização de informações mútuas para selecionar as caraterísticas mais relevantes (por exemplo, tempo de permanência do cliente, utilização do serviço) pode melhorar a capacidade do modelo para prever o abandono com precisão.

5.8.4. Extração de caraterísticas

A extração de caraterísticas envolve a transformação dos dados num novo espaço de caraterísticas. Isto é útil para reduzir a dimensionalidade e melhorar o desempenho do modelo.

1. **Análise de componentes principais (PCA)**

   - **Definição**: A PCA é uma técnica linear que transforma as caraterísticas originais num novo conjunto de caraterísticas ortogonais (componentes principais) que captam a variância máxima dos dados.

o   **Caso de utilização**: Útil para reduzir a dimensionalidade e remover a multicolinearidade.

2. **Análise Discriminante Linear (LDA)**

    o   **Definição**: A LDA é uma técnica que transforma as caraterísticas num espaço de dimensão inferior, maximizando a separabilidade das classes.

    o   **Caso de utilização**: Adequado para tarefas de classificação com classes bem separadas.

3. **Incorporação de vizinhança estocástica distribuída t (t-SNE)**

    o   **Definição**: t-SNE é uma técnica não linear que visualiza dados de elevada dimensão num espaço de dimensão inferior, preservando a estrutura local.

    o   **Caso de utilização**: Utilizado principalmente para a visualização de dados.

A aplicação de PCA a um conjunto de dados com centenas de caraterísticas pode reduzir a dimensionalidade, facilitando a visualização e a interpretação, ao mesmo tempo que retém a maior parte das informações importantes.

5.8.5. Fuga de dados e como evitá-la

A fuga de dados ocorre quando são utilizadas informações externas ao conjunto de dados de treino para criar o modelo, o que leva a estimativas de desempenho demasiado optimistas. Isto pode resultar numa fraca generalização a novos dados.

Tipos de fuga de dados

1. **Contaminação entre treino e teste**: Ocorre quando os dados de teste influenciam o processo de formação.

2. **Fuga de objectivos**: ocorre quando as caraterísticas utilizadas para a formação contêm informações que não estariam disponíveis no momento da previsão.

Estratégias para evitar a fuga de dados

1. **Divisão correta dos dados**: Assegurar que os conjuntos de formação, validação e teste estão estritamente separados e que não há fugas de informação do conjunto de teste para o processo de formação.

2. **Divisão temporal**: Para dados de séries temporais, dividir os dados com base no tempo, garantindo que os dados futuros não são utilizados para formação.

3. **Integração de pipelines**: Utilize pipelines de aprendizagem automática para garantir que todos os passos de pré-processamento de dados são aplicados de forma consistente e adequada aos conjuntos de treino e teste.

Num modelo de pontuação de crédito, se a caraterística "estado da conta" (que inclui o facto de a conta estar ou não em situação de incumprimento) for incluída no conjunto de treino, pode levar a fugas de dados, uma vez que esta informação não estaria disponível no momento da previsão. A remoção ou modificação dessas caraterísticas pode evitar a fuga de dados.

5.8.6. Lidar com o sobreajuste e o subajuste

O sobreajuste e o subajuste são problemas comuns na aprendizagem automática. O sobreajuste ocorre quando um modelo aprende demasiado bem os dados de treino, incluindo ruído e valores atípicos, o que resulta numa fraca generalização a novos dados. A subadaptação ocorre quando um modelo é demasiado simples para captar os padrões subjacentes nos dados.

Estratégias para evitar o sobreajuste

1. **Validação cruzada**: Utilizar técnicas como a validação cruzada K-Fold para garantir que o modelo generaliza bem para dados não vistos.

2. **Regularização**: Aplicar técnicas como a regularização L1 (Lasso) e L2 (Ridge) para penalizar coeficientes grandes e evitar o sobreajuste.

3. **Poda**: Para modelos baseados em árvores, podar as árvores para remover ramos que fornecem pouco poder de previsão.

4. **Paragem antecipada**: Parar de treinar o modelo quando o desempenho num conjunto de validação começa a degradar-se.

5. **Métodos de conjunto**: Combinar vários modelos para reduzir o sobreajuste (por exemplo, ensacamento, reforço).

Estratégias para lidar com o subajuste

1. **Aumentar a complexidade do modelo**: Utilizar modelos mais complexos que possam captar os padrões subjacentes nos dados.

2. **Engenharia de caraterísticas**: Adicionar caraterísticas mais relevantes ou criar novas caraterísticas para fornecer mais informações ao modelo.

3. **Reduzir a regularização**: Se a regularização for demasiado forte, reduza a penalização para permitir que o modelo se ajuste melhor aos dados.

4. **Aumentar o tempo de treino**: Treinar o modelo durante um período mais longo para lhe permitir aprender mais com os dados.

Num modelo de previsão dos preços da habitação, pode ocorrer um subajustamento se for utilizado um modelo de regressão linear simples sem considerar relações não lineares. A mudança para um modelo mais complexo, como uma árvore de decisão ou uma rede neural, e a adição de termos de interação ou caraterísticas polinomiais podem ajudar a resolver o problema do subajuste.

Considerações práticas como o tratamento de dados desequilibrados, a engenharia de caraterísticas, a prevenção de fugas de dados e a resolução de problemas de sobreajuste e subajuste são fundamentais para a criação de modelos de aprendizagem automática robustos e eficazes. A implementação destas estratégias garante que os modelos se generalizam bem a novos dados e fornecem previsões exactas em aplicações do mundo real.

CAPÍTULO: 6

Aprendizagem automática ética e responsável

6.1. Preconceito e equidade

O enviesamento na aprendizagem automática refere-se a erros sistemáticos que resultam em vantagens ou desvantagens injustas para determinados grupos de indivíduos. A equidade é o princípio que visa garantir que os modelos não perpetuam ou amplificam os enviesamentos existentes e, em vez disso, fornecem resultados equitativos a diferentes grupos.

Fontes de preconceito

1. **Enviesamento de dados**: Enviesamentos que têm origem nos dados utilizados para treinar o modelo. Isto inclui enviesamentos históricos, enviesamentos de amostragem e enviesamentos de medição.

2. **Enviesamento algorítmico**: Enviesamentos introduzidos pelo próprio modelo ou algoritmo, muitas vezes devido à forma como o modelo processa os dados ou aos pressupostos que faz.

3. **Preconceito humano**: Preconceitos que resultam de decisões humanas durante a recolha de dados, rotulagem ou processo de modelação.

Técnicas para atenuar os preconceitos

1. **Deteção de preconceitos**: Auditar regularmente os modelos para detetar preconceitos utilizando métricas de justiça como paridade demográfica, igualdade de oportunidades e impacto díspar.

2. **Mitigação de preconceitos**:

   o **Pré-processamento**: Modificar os dados de treino para remover enviesamentos antes de treinar o modelo (por exemplo, reamostragem, reponderação).

   o **Em processamento**: Ajustar o algoritmo de aprendizagem para incorporar restrições de equidade durante a formação.

   o **Pós-processamento**: Ajustar as previsões do modelo para garantir resultados justos após a formação.

Num algoritmo de contratação, podem surgir enviesamentos se os dados históricos reflectirem práticas de contratação discriminatórias. Para atenuar este fenómeno, é possível pré-processar os dados para equilibrar a representação de diferentes grupos demográficos e utilizar restrições de equidade durante a formação do modelo.

6.2. Privacidade e segurança

6.2.1. Privacidade

A privacidade na aprendizagem automática envolve a proteção dos dados individuais e a garantia de que os modelos não expõem informações sensíveis.

Técnicas para garantir a privacidade

1. **Anonimização de dados**: Remover informações pessoalmente identificáveis (PII) do conjunto de dados para evitar a identificação de indivíduos.

2. **Privacidade diferencial**: Adicionar ruído aos dados ou resultados do modelo para evitar a divulgação de informações individuais, preservando a utilidade geral dos dados.

3. **Aprendizagem Federada**: Treinar modelos através de vários dispositivos descentralizados ou servidores com amostras de dados locais, sem trocar os próprios dados.

Nas aplicações de cuidados de saúde, a anonimização dos dados dos doentes e a aplicação de técnicas de privacidade diferencial garantem que as informações de saúde sensíveis permanecem confidenciais, permitindo simultaneamente que os modelos de aprendizagem automática aprendam com os dados.

6.2.2. Segurança

A segurança na aprendizagem automática envolve a proteção de modelos e dados contra ataques maliciosos que podem comprometer a sua integridade ou desempenho.

Tipos de ataques

1. **Ataques adversários**: Pequenas perturbações nos dados de entrada que levam o modelo a fazer previsões incorrectas.

2. **Ataques de inversão do modelo**: Tentativas de fazer engenharia inversa do modelo para extrair informações sensíveis sobre os dados de treino.

3. **Ataques de envenenamento de dados**: Alteração maliciosa dos dados de treino para degradar o desempenho do modelo.

Técnicas para garantir a segurança

1. **Treino contraditório**: Treinar o modelo com exemplos adversários para melhorar a sua robustez contra ataques adversários.

2. **Reforço do modelo**: Implementar técnicas como a validação de entradas e a deteção de anomalias para proteção contra entradas maliciosas.

3. **Auditorias e monitorização regulares**: Monitorizar continuamente os modelos para detetar comportamentos invulgares e realizar auditorias de segurança regulares.

Nos sistemas de deteção de fraudes financeiras, a utilização de formação contraditória pode ajudar os modelos a tornarem-se mais robustos face a tentativas fraudulentas concebidas para contornar o sistema.

6.3. Interpretabilidade e explicabilidade

A interpretabilidade refere-se ao grau em que um ser humano pode compreender a causa de uma decisão tomada por um modelo de aprendizagem automática.

Técnicas de interpretabilidade

1. **Modelos simples**: Utilizar modelos inerentemente interpretáveis, como regressão linear, árvores de decisão ou modelos baseados em regras.

2. **Importância das caraterísticas**: Avaliar a contribuição de cada caraterística para as previsões do modelo utilizando técnicas como as pontuações de importância das caraterísticas.

3. **Gráficos de dependência parcial**: Visualiza a relação entre uma caraterística e o resultado previsto, mantendo outras caraterísticas constantes.

Uma árvore de decisão utilizada para a pontuação de crédito é inerentemente interpretável, uma vez que fornece um caminho claro e compreensível desde as caraterísticas de entrada até à decisão final.

6.3.1. Explicabilidade

A explicabilidade é o grau em que a mecânica interna de um sistema de aprendizagem automática pode ser explicada em termos humanos.

Técnicas de explicabilidade

1. **Métodos de diagnóstico de modelos**: Técnicas como LIME (Local Interpretable Model-Agnostic Explanations) e SHAP (SHapley Additive exPlanations) fornecem explicações para qualquer modelo através da aproximação das suas previsões.

2. **Modelos substitutos**: Utilizar modelos simples e interpretáveis para aproximar e explicar o comportamento de modelos complexos.

3. **Ferramentas de visualização**: Utilizar ferramentas e visualizações para explicar as previsões do modelo e destacar caraterísticas importantes.

A utilização de valores SHAP para explicar as previsões de um modelo de rede neural complexo ajuda as partes interessadas a compreender como cada caraterística contribui para a previsão, tornando o modelo mais transparente e fiável.

6.4. Orientações éticas e regulamentos

As diretrizes éticas na aprendizagem automática garantem que os modelos são desenvolvidos e implementados de forma responsável, tendo em conta os potenciais impactos sociais.

1. **Transparência**: Assegurar que o desenvolvimento e a implementação de modelos de aprendizagem automática são transparentes para as partes interessadas.

2. **Responsabilidade**: Estabelecer uma responsabilidade clara pelos resultados dos modelos de aprendizagem automática, incluindo a resolução de eventuais consequências indesejadas.

3. **Equidade**: Esforçar-se por eliminar preconceitos e garantir que os modelos proporcionam resultados justos para todos os indivíduos e grupos.

4. **Privacidade**: Proteger os dados e a privacidade dos indivíduos durante todo o ciclo de vida do modelo.

5. **Segurança**: Implementar medidas de segurança robustas para proteger modelos e dados de ataques maliciosos.

6.4.1. Regulamentos

Os regulamentos fornecem um quadro jurídico para a utilização ética da aprendizagem automática e dos dados.

1. **Regulamento Geral sobre a Proteção de Dados (RGPD)**: Um regulamento abrangente de proteção de dados na União Europeia que inclui disposições sobre privacidade de dados, transparência e o direito à explicação para decisões automatizadas.

2. **Fair Credit Reporting Act (FCRA)**: Legislação dos EUA que promove a exatidão, a justiça e a privacidade das informações nas agências de informação ao consumidor.

3. **Lei de Portabilidade e Responsabilidade dos Seguros de Saúde (HIPAA)**: Legislação dos EUA que prevê disposições de privacidade e segurança de dados para salvaguardar informações médicas.

Nos termos do RGPD, as empresas devem fornecer explicações para as decisões automatizadas, garantindo que os indivíduos compreendem a forma como os seus dados são utilizados e a base para as decisões que os afectam.

Uma aprendizagem automática ética e responsável implica abordar a parcialidade e a equidade, garantir a privacidade e a segurança, melhorar a interpretabilidade e a explicabilidade e respeitar as diretrizes e regulamentos éticos. Ao integrar estas considerações no desenvolvimento e implementação de modelos de aprendizagem automática, os profissionais podem criar sistemas que não só são eficazes, mas também fiáveis e justos.

Referências

[1]   M. I. Jordan e T. M. Mitchell, "Machine learning: Trends, perspectives, and prospects," *Science (1979)*, vol. 349, no. 6245, pp. 255-260, 2015.

[2]   R. S. Michalski, J. G. Carbonell, e T. M. Mitchell, *Machine learning: Uma abordagem de inteligência artificial*. Springer Science & Business Media, 2013.

[3]   I. El Naqa e M. J. Murphy, *What is machine learning?* Springer, 2015.

[4]   E. Alpaydin, *Machine learning*. MIT press, 2021.

[5]   S. Bianchini, M. Müller, e P. Pelletier, "Deep learning in science," *arXiv preprint arXiv:2009.01575*, 2020.

[6]   D. Sarkar, R. Bali, T. Sharma, D. Sarkar, R. Bali e T. Sharma, "Noções básicas de aprendizado de máquina", *Aprendizado de máquina prático com Python: A Problem-Solver's Guide to Building Real-World Intelligent Systems*, pp. 3-65, 2018.

[7]   D. Ribes e G. C. Bowker, "Between meaning and machine: Learning to represent the knowledge of communities," *Information and Organization*, vol. 19, no. 4, pp. 199-217, 2009.

[8]   M. Attaran e P. Deb, "Machine learning: the new'big thing'for competitive advantage", *International Journal of Knowledge Engineering and Data Mining*, vol. 5, no. 4, pp. 277-305, 2018.

[9]   M. Moinuddin, M. Usman e R. Khan, "Strategic Insights in a Data-Driven Era: Maximizing Business Potential with Analytics and AI", *Revista Espanola de Documentacion Cientifica*, vol. 18, no. 02, pp. 125-149, 2024.

[10]   R. Khan, M. Usman e M. Moinuddin, "From Raw Data to Actionable Insights: Navigating the World of Data Analytics", *International Journal of Advanced Engineering Technologies and Innovations*, vol. 1, no. 4, pp. 142-166, 2024.

I want morebooks!

Buy your books fast and straightforward online - at one of world's fastest growing online book stores! Environmentally sound due to Print-on-Demand technologies.

Buy your books online at
www.morebooks.shop

Compre os seus livros mais rápido e diretamente na internet, em uma das livrarias on-line com o maior crescimento no mundo! Produção que protege o meio ambiente através das tecnologias de impressão sob demanda.

Compre os seus livros on-line em
www.morebooks.shop